红土镍矿中铁和硅的高附加值应用

High Value-Added Application of Iron and Silicon in Laterite Nickel Ore

常龙娇　著

本书数字资源

北　京
冶金工业出版社
2023

内 容 提 要

在应对全球气候变化、推动碳中和成为全球共识的大背景下，发展新能源汽车是我国从汽车大国迈向汽车强国的必由之路。我国作为全球动力电池生产大国，众多产业链企业为了保障各自的动力电池原料供应开始纷纷布局电池材料。开发低品位红土镍矿的综合回收利用技术，提高有价金属的回收率，降低硅、铁资源的开发成本，是我国硅、铁工业发展的重要方向。本书对从红土镍矿中提取硅、铁等有价元素制备 Li_2MnSiO_4 和 $LiFePO_4$ 锂离子电池进行了详细讨论和阐述。

本书可供从事红土镍矿提纯及锂离子电池研究人员参考，同时可作为高等院校相关专业的参考书。

图书在版编目 (CIP) 数据

红土镍矿中铁和硅的高附加值应用／常龙娇著 . —北京：冶金工业出版社，2023.6

ISBN 978-7-5024-9494-0

Ⅰ.①红… Ⅱ.①常… Ⅲ.①红土型矿床—镍矿床—有色金属冶金 Ⅳ.①TF815

中国国家版本馆 CIP 数据核字 (2023) 第 076695 号

红土镍矿中铁和硅的高附加值应用

出版发行 冶金工业出版社		**电 话**	(010)64027926
地 址 北京市东城区嵩祝院北巷 39 号		**邮 编**	100009
网 址 www. mip1953. com		**电子信箱**	service@ mip1953. com

责任编辑 于昕蕾 美术编辑 吕欣童 版式设计 郑小利
责任校对 葛新霞 责任印制 窦 唯
三河市双峰印刷装订有限公司印刷
2023 年 6 月第 1 版，2023 年 6 月第 1 次印刷
710mm×1000mm 1/16；7 印张；136 千字；104 页
定价 50. 00 元

投稿电话 (010)64027932 投稿信箱 tougao@cnmip. com. cn
营销中心电话 (010)64044283
冶金工业出版社天猫旗舰店 yjgycbs. tmall. com
(本书如有印装质量问题，本社营销中心负责退换)

前　　言

本书介绍了红土镍矿开发现状、其湿法冶金工艺及其高附加值的应用情况。近年来，硫化镍矿矿山开采深度的逐年加深，开采难度随之加大，全球硫化镍矿的资源危机日益显著。红土镍矿的采矿成本相对较低，可进行露天开采，其处理工艺较为成熟，中间产品的生产多样化，且矿产资源丰富，全球的镍生产行业开始将红土镍矿作为镍资源开发的重点对象，因此研究人员对红土镍矿进行了大量的研究工作。本书对推动红土镍矿高附加值的研究具有一定的指导作用。

本书涵盖了红土镍矿碱性和酸性被烧，锂离子电池 Li_2MnSiO_4 和 $LiFePO_4$ 的合成、结构、表征等内容。全书分为 7 章：第 1 章介绍了红土镍矿的研究背景；第 2 章介绍了碱式水热法从红土镍矿中提取硅元素的研究；第 3 章介绍了红土镍矿碱式焙烧溶出液化学沉淀法制备球形二氧化硅的研究；第 4 章介绍了以球形二氧化硅为原料两段煅烧法制备硅酸锰锂正极材料的研究；第 5 章介绍了红土镍矿的中温酸式焙烧提取铁元素的研究；第 6 章介绍了红土镍矿硫酸铵焙烧溶出液制备黄铵铁矾及水解制备三氧化二铁的研究；第 7 章介绍了以三氧化二铁为原料碳热还原法制备磷酸铁锂正极材料的研究。

本书在编写过程中参考了部分著作和文献资料，在此，向工作在相关领域最前端的科研人员致以诚挚的谢意。随着红土镍矿研究的不断深入，本书中的研究方法和研究结论有待更新和更正。由于作者水平所限，书中难免有不足之处，敬请各位读者批评指正。

作　者
2023 年 2 月

目　　录

1　绪　　论

1.1　红土镍矿资源分布及利用现状

红土镍矿[1-2]为氧化镍矿，是硫化镍矿[3-8]经过风化后淋滤再沉积所形成的地表风化壳性矿床，其镍的储存量占世界陆地镍资源储存量的 60% 左右，现已探明的红土镍矿资源主要分布于南太平洋新喀里多尼亚（New Caledonia）[9]、印度尼西亚摩鹿加（Moluccas）[2,10]、澳大利亚昆士兰（Queensland）[11]和菲律宾巴拉望（Palawan）[12]等南北回归线一带的热带地区。我国的红土镍矿占比较少，仅占全球总保有量的 9.6%[13]，主要分布于四川和云南等地[14]。

近年来，硫化镍矿的勘探并无重大发现，且经过长期过度开采储量急剧下降。由于硫化镍矿矿山开采深度的逐年加深，开采难度随之加大，全球硫化镍矿的资源危机日益显著。红土镍矿的采矿成本相对较低，可进行露天开采，其处理工艺较为成熟，中间产品的生产多样化，且矿产资源丰富，因此全球的镍生产行业开始将红土镍矿作为镍资源开发的重点对象。据不完全统计，2021 年全球有 60% 以上的镍产量来源于红土镍矿[15]。

图 1-1 显示了近年来中国精炼镍的产量，产量总体呈上升趋势，从 2007 年的 22 万吨左右到 2017 年的 56 万吨[16]。近 10 年来，中国镍的消费量呈逐年上升趋势。其中 2017 年中国镍消费结构参照图 1-2 的高温合金，高温合金是一种具有良好的力学和化学性能的金属材料，其主要元素是铁、钴、镍，而应用时镍的含量一般大于 50%[17]。到 2020 年，我国对高温合金的需求已达到 4 万吨左右，相当于 90.5 亿元的市场空间。我国高温合金的实际产量约为 2 万吨。我国开始对高温合金材料有越来越大的需求，主要是由于航空航天工业的快速发展，以及发动机技术的大力发展和不断创新，扩大了高温合金材料的市场。高温合金中含有多种合金元素，元素的含量对高温合金的性能有很大的影响。例如钴本身高沸点的性能，大大提高了相位稳定性、力学性能和热性能，但钴处在低温较长时间，就会造成热腐蚀，所以准确地理解性能的合金中各元素的重要前提是高温合金的研究，镍作为高温合金的主要基体，其纯度尤为重要。

总之，为了满足未来我国对镍日益增长的需求以及高温合金对镍纯度的要求，我们更加需要从红土镍矿中制备出高纯镍。

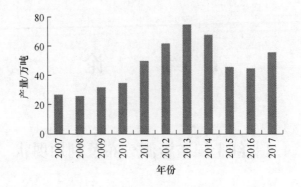

图 1-1　中国近几年的镍产量图[16]

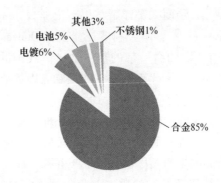

图 1-2　镍消费占比[17]

1.2　红土镍矿处理工艺概况

目前，红土镍矿的处理方法主要分为两种：一是火法工艺，二是湿法工艺。其中，火法工艺可分为还原熔炼镍铁法和还原硫化熔炼镍硫法，湿法工艺包括还原焙烧—氨浸法、常压酸浸法和高压酸浸法等。

1.2.1　红土镍矿的火法处理工艺

红土镍矿火法工艺适合处理镁含量较高而铁含量相对较低的红土镍矿，主要包括还原熔炼镍铁法和还原硫化熔炼镍锍法，两者共同特点是回收率相对较低且能耗较大，主要用于处理镍品位高的变质橄榄岩。

1.2.1.1　还原熔炼镍铁法

目前，研究最多的火法处理工艺方法为还原熔炼镍铁法[18-20]。其主要流程为首先将矿石进行粉碎，然后将其放入高温条件下还原焙烧，最后成品为粗镍铁合金。目前还原熔炼镍铁法处理红土镍矿的主要方式为电炉还原熔炼。该工艺具有易控制的炉内气氛和熔池温度、有炉气量少和含尘量低的优点；然而其自身的高能耗和过程中造成的严重污染是该法的显著缺点。最终生产的产品中镍含量可达 25% 左右，镍后续可进行回收再利用，回收率约达 90%。

1.2.1.2 还原硫化熔炼镍硫法

在镍铁工艺的基础上研究人员开展镍硫生产工艺[21-23]，向电炉中加入硫化剂，在熔炼过程会先产生低镍硫，继续运用转炉吹炼手段制得高镍硫，以硫化剂和还原剂焦粉的添加量来调整镍硫的组成成分。氧化镍矿经过还原硫化熔炼处理最终产品为镍硫，且所得的高镍硫产品的灵活性较大，其中所含的钴可以进行回收。镍和硫的质量分数在高镍硫产品中约为 80% 和 20%，镍的回收率在整个过程中在 70% 左右。

1.2.2 红土镍矿的湿法处理工艺

研究者们在处理硅镁镍矿（镁含量较低）和褐铁矿类型的红土镍矿时常用湿法冶金工艺。湿法冶金主要有三种工艺：一种是开发较早的还原焙烧—氨浸法，余下两种方法为常压酸浸法和高压酸浸法。

1.2.2.1 还原焙烧—氨浸法

还原焙烧—氨浸法[24-26]主要是将红土镍矿干燥、破碎后，用高温还原焙烧，最终将矿物中的镍、钴及一定量的铁还原为合金，经过多段逆流氨浸，将镍、钴等有价金属元素浸出到液相中的流程，该流程又称为 Caron 流程。浸出液经过硫化沉淀，再除去母液中的铁，最后通过蒸氨获得碱式硫酸镍。经烧结碱式硫酸镍可转化成氧化镍，也能通过还原反应生成镍粉。该工艺包括火法的还原焙烧和湿法的氨浸过程，可以看作是早前研究中将火法和湿法结合的第一次尝试。在氨浸过程中，溶液内会进入大量的铁并被氧化，从而产生对镍、钴氨配离子吸附作用较强的 $Fe(OH)_3$ 胶体沉淀，最终损失镍和钴。

1.2.2.2 常压酸浸法

近年来，采用常压酸浸法（PAL）[27-29]处理红土镍矿成为研究热点，首先对红土镍矿石进行充分研磨，然后进行分级，在加热的条件下按一定的比例将处理后的矿石、酸和洗涤液混合反应，最终矿石中的镍、钴等元素进入液相中，经 $CaCO_3$ 中和处理后获得滤液，滤液中的镍、钴被沉淀剂硫化物富集。常压酸浸工艺具有操作简单、能耗较低、无须使用高压釜、成本较低的优点，但其存在浸出液难分离、酸耗大、浸出液杂质元素含量高、废渣中镍和钴含量高等缺点。

1.2.2.3 高压酸浸法

高压酸浸法（HPAL）[30-32]对红土镍矿的主要处理工艺流程如下：在250~270℃、4~5MPa的高温、高压下，用稀硫酸溶解铁、铝矿物和镍、钴等，通过调节pH值，水解铁、钴、硅等杂质元素使其进入固相中，镍、钴有选择性地进入液相中，再经硫化沉淀对镍、钴进行富集，经传统的精炼工艺进行辅助生产目标产物。高压酸浸工艺主要受矿石品位、矿物学特征、镁铝含量、结垢现象等影响。该方法可以使镍的浸出率达到90%，但是受矿石条件的限制，目前全世界仅有三家使用加压酸浸法处理氧化镍矿，而且在高温、高压的环境下，对设备的要求很高，运行困难。目前，高压酸浸法的发展还不够成熟。

1.2.2.4 碱式水热法

传统工艺大多以红土镍矿中含量较少的金属元素为目标提取产物，在其处理过程中，未能合理利用矿物中所富含的硅元素[33-35]，从而产生大量的含硅废料，最终造成资源浪费和环境污染。因此，如何更好地对红土镍矿进行高附加值利用，探索处理红土镍矿的新技术和新工艺具有重要的研究意义。本书创新性地提出了一种以红土镍矿为原料、碱溶液为反应助剂提取有价元素硅的碱式水热工艺[36-37]，经水热反应使红土镍矿的结构在较低温度下得以破坏，经水浸过滤得到硅酸钠溶液与镁、铁、镍等有价元素的富集渣，为后续镁、铁、镍的提取创造了有利条件，也为硅材料的开发提供了有力支持。

1.3 二氧化硅的制备方法

二氧化硅的制备方法非常多，主要有固相法、液相法和气相法。其中，固相法主要包括固相研磨法、高温熔融法等；液相法可分为微乳液法、溶胶-凝胶法、沉淀法等；气相法可分为化学气相沉积法、气相高温水解法、等离子体法等。

1.3.1 固相法

1.3.1.1 固相研磨法

固相研磨法[38]（也称机械粉碎法）。采用多种超细粉碎机，对物料进行粉碎、研磨，制成超细粉末。该方法成本低，产量高，生产工艺简便，适合对粉末纯度及颗粒度要求不高的应用。固相研磨设备主要包括球磨机、高能球磨机、空气磨粉机以及塔式磨粉机等。固相法制备纳米颗粒仅能获得类球状二氧化硅颗粒，且成球率低，产品容易受到污染。另外，二氧化硅具有吸湿性，在机械破碎后需要再次烘干，否则会影响产品的后续使用。

1.3.1.2 高温熔融法

高温熔融法[39-40]是在 2100~2500℃的条件下，将高纯度石英熔化成液态，然后喷雾、冷却，得到球形硅微粉，其产品具有光滑的表面，球形化率和无定形率可达 100%。

1.3.2 液相法

1.3.2.1 微乳液法

微乳液法[41-43]是近年来开发的一种高效的纳米颗粒制造技术。此法采用两种不相溶的溶剂，在表面活性剂的作用下，形成了一种均一的乳液，乳液中固相沉淀的成核、生长、聚结和团聚等一系列过程被控制在一个极小的、可控制为数纳米至数十纳米的液滴中，从而制备出纳米粒子。目前常用的微乳化法制备二氧化硅可分为胶束法和 W/O 乳液沉淀法。前者是将两种不同的反应物质溶解在两种成分完全一致的微乳剂中，再在特定的条件下进行混合反应，得到超微粒子。后者常见的工艺流程为：首先向胶团中渗透提前制备的含有一种反应物质的表面活性剂膜层，使之与束胶中的第一种反应物发生反应，以 75% 体积比的丙酮水絮凝反应混合物，沉淀后用无水乙醇清洗，在 100℃下进行真空干燥 2h，获得松散的白色固体粉末，650℃焙烧 2h，获得纯白色二氧化硅粉。

1.3.2.2 溶胶-凝胶法

溶胶-凝胶工艺[44-53]的基本原理为：在一定的溶剂中，易水解的金属醇盐金属和无机盐与水反应，后续经水解、缩聚变为凝胶，再经干燥、烧结等处理，最终形成所需要的产物。溶胶-凝胶法反应温度低，可用于制备多组分混合物，所得产物具有纯度高、化学活性高、粒径分布均匀等优点；也可用于制备传统工艺无法制备或难以制备的产品，尤其适合非晶态材料的制备。

1.3.2.3 沉淀法

沉淀法[36,54-67]是指将适宜的沉淀剂添加到金属盐的混合溶液（包含两个或更多个金属离子）中，使得反应系统产生成分均匀的沉淀，通过洗涤、烘干、焙烧，最终获得了高纯度的超细粉末。它的优势是：利用溶液中的不同化学反应，可以直接获得化学组成均一的超细粉末，易于生产出颗粒尺寸较小、粒度均匀的超细粉体材料，该方法成本低，工艺简单，具有较好的应用前景。

1.3.3 气相法

1.3.3.1 化学气相沉积法

化学气相淀积法[68]一般采用金属单质蒸汽或挥发性金属化合物，利用化学反应制得所需要的化合物，经惰性气体的保护迅速凝结得到纳米颗粒。本方法所用的原料一般是蒸发压力较高、制备容易的氯化物。该反应方程如下：

$$SiCl_4 + O_2 \longrightarrow SiO_2 + 2Cl_2 \tag{1-1}$$

目前的化学气相沉积法主要分为激光诱导 CVD、等离子 CVD、爆炸丝等，具有设备简单、易于控制、颗粒纯度高、粒径分布小、可连续运行、能耗较低等优点。目前，利用这种方法生产的白炭黑等纳米材料已实现工业化生产。

1.3.3.2 气相高温水解法

气相高温水解法[69-72]是在高温氢-氧流条件下用四氯化硅气体进行水解而得到的一种烟雾状二氧化硅的方法。主要的反应如下：

$$O_2 + 2H_2 \longrightarrow 2H_2O \tag{1-2}$$

$$2H_2O + SiCl_4 \longrightarrow 4HCl + SiO_2 \tag{1-3}$$

$$SiCl_4 + O_2 + 2H_2 \longrightarrow 4HCl + SiO_2 \tag{1-4}$$

此方法制备的产品分散度和纯度较高，表面羟基含量较低，有很好的补强性，可应用于硅橡胶、涂料补强剂和电子行业。但由于原料昂贵，工艺复杂，对设备要求较高，难以实现工业化。

1.3.3.3 等离子体法

等离子体可以由单种或两种以上气体（如惰性、中性、氧化性和还原性气体等）形成，是一种电中性带电导体，由电子、离子、分子组成，具有高温和高能量密度的特点。硅微粉可经等离子体法[73-74]在离子距离相等的高温场中被熔化、汽化后迅速冷却形成球状粒子。四氯化硅被纯氧常压微波等离子体装置气相氧化后可获得直径 10~20nm 的二氧化硅。

1.4 锂离子电池 Li_2MnSiO_4 正极材料的研究进展

1.4.1 Li_2MnSiO_4 的结构

Li_2MnSiO_4 具有比较复杂的晶体结构，目前已报道的 Li_2MnSiO_4 晶体结构有三种，即 $Pmn2_1$、$Pmnb$ 和 $P2_1/n$ 空间组。Dominko 等人[75]利用溶胶-凝胶工艺制备 Li_2MnSiO_4，经 XRD 分析，得到 Li_2MnSiO_4 为正交晶系，$Pmn2_1$ 空间群。Dompablo 等人[76]利用水热法制备 Li_2MnSiO_4，经 900℃ 焙烧，获得 $Pmnb$ 晶体。$P2_1/n$ 晶型 Li_2MnSiO_4 最初是通过高温固相方法由 Politaev 等人[77]制得的。研究结果表明：不同晶型结构的 Li_2MnSiO_4 正极材料可以通过不同的工艺和不同的参数获得。

1.4.2　Li_2MnSiO_4 的电化学特性

尽管 Li_2MnSiO_4 的理论容量为 333mA·h/g，但大量的试验表明，Li_2MnSiO_4 在理论上仅能达到 1 个锂离子的可逆脱嵌，因而其实际容量比理论上要低得多。其主要原因是 Li_2MnSiO_4 的低导电率[78-79]导致材料中的一些锂离子很难进行可逆脱嵌；另外，Mn^{2+} 的存在会导致 Li_2MnSiO_4 在循环过程中发生 Jahn-Teller 效应[80-81]，导致 Li_2MnSiO_4 的内部结构不稳定，且随循环次数的增多，造成 Li_2MnSiO_4 结构发生损坏，从而容量下降。近年来，国内外学者对提高 Li_2MnSiO_4 的电导率及循环稳定性进行了大量的研究。

1.4.3　Li_2MnSiO_4 的合成方法

目前，已有许多制备 Li_2MnSiO_4 正极材料的方法，如高温固相法、溶胶-凝胶法、水热法等。选择适当、简易的制备工艺，是提高 Li_2MnSiO_4 正极材料纯度及合成效率的关键要素。

1.4.3.1　高温固相法

高温固相法[82-87]是一种相对传统的锂离子电池材料合成工艺。该工艺是将反应物进行混合，然后在高温下进行煅烧，以得到最终目标产品。这种方法不仅耗能大，而且所得到的产品具有颗粒大、容易夹杂杂质等缺陷，但其工艺简单、成本低廉、产量大，能够在工业上大规模应用。

1.4.3.2　溶胶-凝胶法

溶胶-凝胶工艺[88-93]是一种比较常用的材料合成工艺。该工艺是将反应物溶于溶剂中，然后搅拌均匀，在特定的条件下进行水解，形成凝胶，待干燥后在高温下进行焙烧，以获得最终目标产物。由于这种工艺可以将反应物均匀地混合在一起，所以得到的产品粒径更小，更均匀。但溶胶-凝胶法制备工艺复杂，反应时间长，无法实现大规模生产。

1.4.3.3　水热法

在材料合成中，水热法[94-96]是一种较为特殊的工艺。通过将反应物在高温、高压的液相中发生化学反应，使其溶解结晶，从而得到目的产品。与传统的方法相比（如高温固相法、溶胶-凝胶法），水热法制备的原料具有低温、能耗少、操作简单等优点。通过控制水热反应条件，可以得到具有特定形状和颗粒大小的材料。

1.4.4　Li_2MnSiO_4的改性方法

尽管Li_2MnSiO_4的理论容量高达333mA·h/g，但其具有较低的电子电导率和离子迁移率，并且在充放电过程中会出现Jahn-Teller效应，使Li_2MnSiO_4的电化学性能下降。Li_2MnSiO_4通常不能单独用作锂离子电池的正极材料，为了改善其导电性和循环稳定性，必须对Li_2MnSiO_4进行改性。目前，对其进行改性处理的方法有碳包覆和掺杂。

1.4.4.1　碳包覆

碳包覆[86,94]是通过将一层导电碳层覆盖于Li_2MnSiO_4表面以改善该材料的电导率。碳包覆的方法有两种：原位碳包覆和纯相碳包覆。原位碳包覆是向前驱物中直接加入碳源，在前驱物反应产生Li_2MnSiO_4的过程中，形成碳包层。在Li_2MnSiO_4粒子的表面上形成了一层碳涂层，从而阻止了粒子进一步的发育，使粒子的粒径变小。但原位碳包覆需要较高添加量的碳源，而过量地加入碳源不但会阻碍Li_2MnSiO_4的生成，而且会造成最后产品中的杂质含量较高；纯相碳包覆是指在已经制备好的Li_2MnSiO_4材料表面直接进行碳包覆。碳包覆改性法可以改善Li_2MnSiO_4的电导率和离子的迁移，从而使Li_2MnSiO_4的晶粒尺寸减小，使其导电性能得到显著提高。

1.4.4.2　掺杂

掺杂[97-100]是将适当的金属阳离子加入Li_2MnSiO_4的内部结构中，从而改善该材料的离子迁移率。例如，采用Mg^{2+}、Ni^{2+}、Ti^{2+}等其他金属阳离子替代Mn^{2+}，能在某种程度上抑制材料在充放电周期内的Jahn-Teller效应。

1.5　锂离子电池$LiFePO_4$正极材料的研究进展

1.5.1　$LiFePO_4$的结构特征

图1-3和图1-4为$LiFePO_4$的XRD和SEM图。形如橄榄石即是$LiFePO_4$，是正交晶系的一种[101-102]。如图1-5所示，$LiFePO_4$为PNMA空间结构，4个$LiFePO_4$为一个单元，锂和铁位于八边之上，并且与氧形成八面体，磷位于顶点位置，

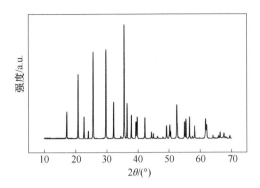

图 1-3 LiFePO₄ 的 XRD 图谱[101]

图 1-4 LiFePO₄ 的 SEM 图[102]

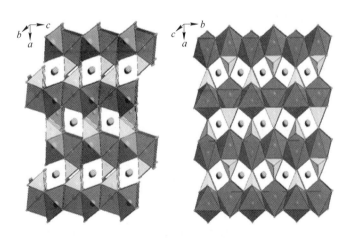

图 1-5 LiFePO₄ 的晶体结构示意图[103]

c 分别为 0.6008nm、1.0334nm 和 0.4693nm。$LiFePO_4$ 中阳离子的分布状态与六方密堆积四面体位置十分不同，因为有氧的存在，构成了含氧的四面体，FeO_6 八面体层与 B 和 C 面共角，就线性链而言，LiO_6 八面体的沿平行于 b 轴的方向同边缘。这些链由磷酸盐四面体以共同的角度和共同的边连接而成，形成立体三维结构，离子沿（010）通道迁移。磷酸铁锂的晶格十分稳定，原因在于氧与铁和磷的牢固结合；磷酸铁锂的循环寿命长，原因在于其体积变化不明显；磷酸铁锂的电导率均很低，原因在于有强的共价键的存在[103]。

1.5.2 $LiFePO_4$ 材料的电化学性能原理

$LiFeO_4$ 通过 $FePO_4$ 和 $LiFePO_4$ 相互转化反应进行充放电反应，并且是基于正极之上。$LiFePO_4$ 能够变成 $FePO_4$ 是由 $LiFePO_4$ 脱锂而成，不管从构造还是体积上看 $LiFePO_4$ 与 $FePO_4$ 均很相似。原子的堆积方式不会受到影响，因为充放电过程中结构和体积几乎稳定不变，因此 $LiFePO_4$ 具有优良的充放电的循环效应。电极反应如下：

$$LiFePO_4 \longrightarrow FePO_4 + Li^+ + e^- \tag{1-5}$$

$LiFePO_4$ 电池具体的充放电步骤：（1）包括液相传质：在电化学势的辅助作用下，电解质中的锂离子迁移到阳极的表面。（2）电极表层吸附：锂离子能够附着在其表面是由于打破了双电层电位的控制。（3）电极表层放电：当阴极材料放电时，它从 Fe 变为 Fe^{2+}。当达到中和状态时，需要从外部电路获取电子并在外部工作。（4）电极表面转变：在电化学势驱动下，锂离子进入 $FePO_4$ 晶格。（5）新相形成：内部由锂离子的不断扩散而被填充，形成新相[104-105]。

1.5.3 $LiFePO_4$ 的合成方法

1.5.3.1 固相合成法

固相合成法作为科研界最为常用的一种制备电极材料的方法，其特点是工艺简单、便于工业化。该方法使用各种磷酸盐、铁盐及锂盐作为元素来源，按一定比例混合，温度较低时，惰性气氛会将其包围，材料发生分解，然后在高温条件下进行煅烧。将适量的含碳有机物加入原材料中使碳包覆到材料表面，能有效防止材料氧化。

王国宝等人[106]将碳含量为 5% 的蔗糖作为碳源，$FeSO_4 \cdot 7H_2O$、$NH_4H_2PO_4$ 和碳酸锂按照摩尔比为 1：1：0.5 计量进行添加，混合之后进行球磨 3h，将氢气作为惰性气体，制造惰性环境，350℃进行 8h 的煅烧，接着将气体 Ar 与 H_2 按照体积比为 95：5 的比例混合，将马弗炉温度设置为 700℃，将材料放入其中进行煅烧 15h 后，得到生成产物。研究表明，在 0.1C 倍率条件下，151.1mA · h/g 为首次放电比容量，148.9mA·h/g 为进行 100 次的充放电循环后的数值显示，电循环性能优良。

固相合成法优点在于简单方便，容易操作。在反应过程中影响因素众多，原料的混合方法、混合均匀度、混合时间、煅烧温度、煅烧气氛和煅烧时间都是 LiFePO₄ 电化学性能的直接影响因素。

1.5.3.2 溶胶-凝胶法

首先溶胶-凝胶法是先将原料搅拌均匀、水解、聚合再缩合来形成溶胶，之后再进行沉化、蒸发，以及缩合的全过程来制备凝胶，最后通过干燥、煅烧得到 LiFePO₄ 产物，并且该制备过程将磷酸盐、有价金属盐等作为原料，成功制备出 LiFePO₄。

沈琼璐[107] 分别使用 FePO₄ 和 LiOH 作为磷源，铁源和锂源，并加入 H_2C_2O 来调节酸度。选择葡萄糖为碳源。结果表明，当充放电率为 0.1C 时，比放电容量首次达到 143.3mA·h/g。在以 0.2C 的速率进行 100 次充电和放电循环之后获得该容量。保留率仍然很高，为 72.6%。

溶胶-凝胶法有其良好的化学性，低温进行热处理时，粒径较小且分布较为密集，并且生产设备较为简单，易于被控制。不足之处是在干燥时易于发生收缩现象，工业化投产较困难。

1.5.3.3 喷雾干燥法

喷雾干燥也是一种较常见的制备方法，第一步是将反应物溶于水或酒精中，喷雾后物料会以小滴的形式分散在热量中，在热气与物料接触后，热传导工作立即完成。在这一点上，由于热量，溶剂将迅速蒸发变成气体，从而形成前驱体。热量使材料以小液滴的形式分散，并使材料完全接触以进行热传导。这时，由于完全加热，溶剂将更快地蒸发形成前驱体。

田旭等人[108] 将合成的 FePO₄ 作为铁源和磷源、锂源选择 LiOOHO、草酸，将柠檬酸作为还原剂。通过喷雾干燥法成功制得球状 LiFePO₄。经研究发现，喷雾工艺参数是合成 LiFePO₄ 前驱体形貌研究的重中之重，对参数的把控十分严格，选择出最佳条件，即喷嘴内径为 0.5nm，固含量为 6%。完全溶解，温度为 165℃，蠕动泵转速 750mL/h，经 650℃ 高温烘焙后，获得单相球形 LiFePO₄ 正极材料。

喷雾干燥法作为制备方法之一，具有节省时间、产物稳定性好、对于球形 LiFePO₄ 的制备更容易、更易于工业化投产等特点。

1.5.3.4 水热法

水热法是湿法制备法。以可溶性亚铁盐、锂盐和磷酸为元素来源，通过水热

法合成了 $LiFePO_4$。水热体系是一个极好的惰性环境，因为氧气在水中的溶解度很小。

赵曼等人[109]选择磷铁、磷酸、硝酸作为原材料，检测在水热法能否制备出相应的磷酸铁。经探究水热法用磷铁制备出磷酸铁的实验时间、温度条件、硝酸的用量等均可确定，随后应用正交实验确定最佳的工艺条件为硝酸浓度 3.0mol/L、反应时长 120min、体系浓度 20g/L、温度 110℃。再通过对产品的全面分析发现，得出产品为含有两个结晶水的材料即是正磷酸铁，该数据能够符合市售电池及磷酸铁的标准。

水热合成可以得到物相均匀、粒径小的 $LiFePO_4$ 材料。但缺点是制备需要大型耐高温耐高压的反应器，而该反应器又比较难制造，成本太高，所以不利于大规模的工业化生产。

2 碱式水热法从红土镍矿中提取硅元素

传统工艺大多以红土镍矿中含量较少的金属元素为目标提取产物，在其处理过程中，未能合理利用矿物中所富含的硅元素，从而产生大量的含硅废料，最终造成资源浪费和环境污染。因此，如何更好地对红土镍矿进行高附加值利用，探索处理红土镍矿的新技术和新工艺具有重要的研究意义。本书介绍了一种以红土镍矿为原料，碱溶液为反应助剂提取有价元素硅的碱式水热工艺，经水热反应使红土镍矿的结构在较低温度下得以破坏，经水浸过滤得到硅酸钠溶液与镁、铁、镍等有价元素的富集渣，为后续镁、铁、镍的提取创造了有利条件，也为硅材料的开发提供了有力支持。

2.1 概   述

目前，研究人员对红土镍矿的处理主要分为两种方法：火法和湿法。火法工艺根据最终产品的不同，可分为还原熔炼镍铁法和还原硫化熔炼镍硫法，普遍存在能耗大、对环境污染严重的缺点。湿法冶金主要包括常压酸浸（PAL）、高压酸浸（HPAL）和还原焙烧—氨浸法（Caron）。常压酸浸法耗酸量大，浸出液中铁含量高，影响了浸出液的后续处理；高压酸浸法工艺条件苛刻，设备维护费用高；还原焙烧—氨浸法具有工艺复杂、不易操作等缺点。在传统红土镍矿的处理工艺中，研究人员主要关注镍、钴等金属元素的提取，而作为含量接近50%的硅元素都以废弃物形式排放到室外。因此，在红土镍矿的开发过程中，如何合理开发利用矿石中丰富的硅元素，对避免资源浪费和环境污染具有重要的研究价值。本章介绍了采用碱式水热法从红土镍矿中提硅，不仅可以充分利用硅来减少固体废物的排放，而且还可以在脱硅渣中富集镁、铁、镍等元素作为重要的二次来源。

2.2 工艺设计

按一定的碱矿比（氢氧化钠与红土镍矿的摩尔质量比）称取固体氢氧化钠，放入反应釜中，加入去离子水到设定的浓度。然后向体系中加入 10g 红土镍矿，搅拌均匀。将混合物浆液倒入反应釜中，并加热至所需温度开始反应，待反应完成冷却后，加入去离子水 50mL。将上述所得样品置于覆盖有保鲜膜的烧杯中（以防止水分蒸发），在 80℃下浸出 2h，经过滤、分离、洗涤后得到硅酸钠滤液和金属富集渣。实验的具体流程如图 2-1 所示。

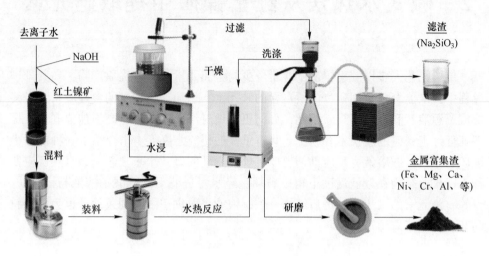

图 2-1 碱式水热法处理红土镍矿提硅的工艺流程

通过碱式水热法从红土镍矿中提硅的原理如图 2-2 所示。红土镍矿中硅的主要存在形式为游离的二氧化硅和利蛇纹石。利蛇纹石是单斜晶体，具有单层结构。随着氢氧化钠的诱导和反应的进行，在液体环境和反应温度的驱动下，利蛇

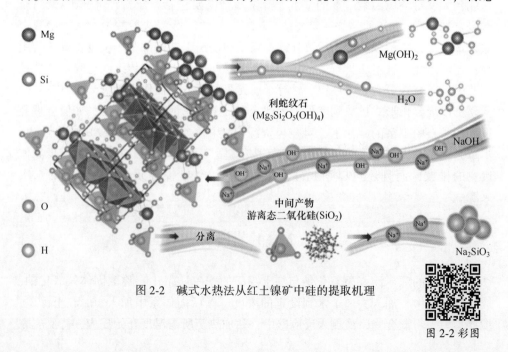

图 2-2 碱式水热法从红土镍矿中硅的提取机理

图 2-2 彩图

纹石的反应接触面积增大，反应活性提高。最终，利蛇纹石的结构被破坏，形成中间产物二氧化硅和不溶性氢氧化镁沉淀；然后上述获得的二氧化硅和红土镍矿中的游离态二氧化硅进一步与 Na^+ 结合形成硅酸钠。主要反应方程如下：

$$4NaOH + Mg_3Si_2O_5(OH)_4 \longrightarrow H_2O + 2Na_2SiO_3 + 3Mg(OH)_2 \qquad (2-1)$$

$$2NaOH + SiO_2 \longrightarrow H_2O + Na_2SiO_3 \qquad (2-2)$$

2.3 工艺参数分析

采用快速滴定法，向锥形瓶中加入 5mL 的待测溶液，再加入甲基红指示剂 15~20 滴与约 0.1g 的 NaF，摇匀溶解后溶液显黄色。将待测溶液用 HCl 标准溶液滴定至红色且颜色不发生变化，再过量滴 4~5 滴，此时记录所消耗的 HCl 体积为 V_a（精确至小数点后两位）；然后再用 NaOH 标准溶液滴定至黄色且颜色不发生变化，再过量滴 4~5 滴，此时记录所消耗的 NaOH 体积为 V_b；再做一组空白实验，将该过程消耗的 HCl 体积记为 V_c，消耗的 NaOH 体积记为 V_d。硅的提取率计算公式如下：

$$\alpha = \frac{15[C_{HCl}(V_a - V_c) - C_{NaOH}(V_b - V_d)]V_1}{V_2 m} \times 100\% \qquad (2-3)$$

式中，C_{HCl} 为 HCl 标准溶液的浓度，mol/L；C_{NaOH} 为 NaOH 标准溶液的浓度，mol/L；15（g/mol）为与 1mol HCl 标准滴定溶液相当的以克（g）表示的二氧化硅的质量；V_a 为滴定中消耗的 HCl 标准溶液体积，mL；V_b 为滴定中消耗的 NaOH 标准溶液体积，mL；V_c 为空白实验中消耗的 HCl 标准溶液体积，mL；V_d 为空白实验中消耗的 NaOH 标准溶液体积，mL；V_1 为溶液的总体积，mL；V_2 为所取溶液的体积，mL；m 为试样中二氧化硅质量，g。

2.3.1 反应温度对硅提取率的影响

不同反应温度对硅提取率的影响如图 2-3 所示，由图可知，在反应时间为 2h、氢氧化钠与红土镍矿摩尔比为 1.3∶1 的条件下，随着温度的升高，硅的提取率显著提高，在 250℃时达到最高点，之后曲线呈现下降趋势，出现这一现象的原因可以通过图 2-4 得到合理解释。

此外，从图 2-3 中可以看出，当反应温度小于 225℃时，残渣中有利蛇纹石的衍射峰存在，说明在此温度下反应不完全，仍有部分利蛇纹石未反应。当反应温度上升到 250℃时，滤渣中的含硅矿物衍射峰全部消失，此时含硅矿物趋于完全反应。随着反应温度继续升高至 275℃，滤渣中出现了比较明显的 $NaAlSiO_4$ 衍射峰，这是由于温度的升高不仅加快了含硅矿物与氢氧化钠的反应速度，同时也

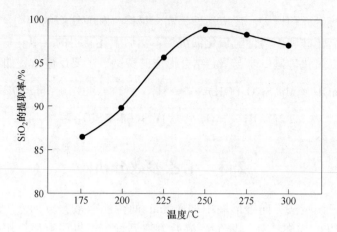

图 2-3 不同反应温度对硅提取率的影响

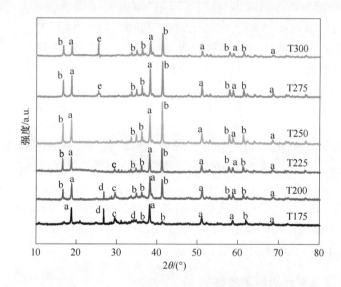

图 2-4 不同反应温度所得滤渣的 XRD 谱图

(a) $Mg(OH)_2$; (b) Fe_2O_3; (c) SiO_2; (d) $Mg_3Si_2O_5(OH)_4$; (e) $NaAlSiO_4$

增加了 $NaAlSiO_4$ 的生成速率，在此条件下，$NaAlSiO_4$ 的生成速率大于含硅矿物的溶解速率，溶解进入液相中的硅又返回到矿石中，在一定程度上导致硅的提取率降低。综合考虑，反应温度选为 250℃ 最为适宜，同时 $NaAlSiO_4$ 的形成表明反应体系中会伴随着少量 Al_2O_3 参与以下的反应：

$$2NaOH + Al_2O_3 + 3H_2O \longrightarrow 2NaAl(OH)_4 \tag{2-4}$$

$$Na_2SiO_3 + NaAl(OH)_4 \longrightarrow 2NaOH + NaAlSiO_4 + H_2O \tag{2-5}$$

2.3.2 反应时间对硅提取率的影响

当反应温度为250℃、氢氧化钠与红土镍矿的摩尔比为1.3:1时，不同反应温度对硅提取率的影响如图2-5所示。观察图2-5可知，硅的提取率随反应时间的增加逐渐增加。当反应时间的范围是2h，硅的提取率达最大值98.8%，提取率曲线呈下降趋势并趋向于平缓。产生这种现象的原因是随着反应体系时间的增加，硅的溶解反应和NaAlSiO₄的沉淀反应持续进行。当反应时间超过2h时，NaAlSiO₄的沉淀速率大于硅酸钠的生成速率，导致液相体系中硅含量减小，从而硅的提取率降低。但由于矿石中Al₂O₃含量较低，NaAlSiO₄的沉淀反应随着反应时间的增加趋于完成，因此在反应时间为2.5h后硅的提取率曲线再无明显波动。因此在水热反应过程中控制反应时间为2h时，可保证硅的高提取率。

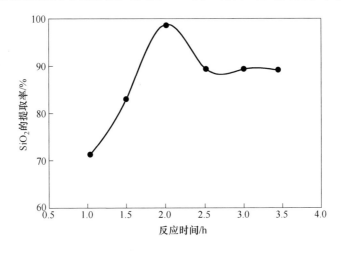

图 2-5　不同反应时间对硅提取率的影响

2.3.3 碱矿摩尔比对硅提取率的影响

图2-6为反应温度为250℃、反应时间为2h时，不同氢氧化钠与红土镍矿的摩尔比和硅提取率之间的关系。从图中可以看出，随着碱矿摩尔比的增大，硅的提取率呈递增趋势。当碱矿摩尔比大于1.2:1时，硅的提取率曲线趋于平缓。当碱矿摩尔比较小时，加入的氢氧化钠溶液较少，此时反应体系具有较高的黏度和较低的流动性，导致传质困难，对反应的进行造成不利影响。当碱矿摩尔比增大时，其数值越高，系统的黏度越低，液固相之间的传质阻力越小，物料之间的扩散速率越快，反应越容易进行。但值得注意的是，液固比不宜过大，否则会导致碱循环增加，回收困难。因此，氢氧化钠与红土镍矿的摩尔比应控制在1.2:1。

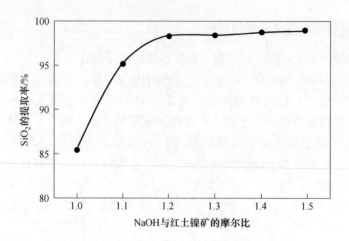

图 2-6 不同碱矿比对硅提取率的影响

2.3.4 正交实验设计

为研究多因素作用下红土镍矿碱式水热法中硅提取率的变化规律及影响因素的顺序，进而优化反应参数，可以在单因素探索性实验研究的基础上，采用表 2-1 正交实验方法设计了 $L_9(3^3)$ 三因素三水平正交实验方案。

表 2-1 正交实验影响因素及水平

水平	A 反应温度/℃	B 反应时间/h	C 碱矿摩尔比
1	225	1.5	1.1 : 1
2	250	2	1.2 : 1
3	275	2.55	1.3 : 1

采用极差法对正交实验进行统计分析。三因素对硅提取率的影响关系结果见表 2-2 和图 2-7。从图 2-7 中可以观察到各个影响因素对指标变化程度和规律的影响，可知碱矿摩尔比对提硅反应的影响最大，其次是反应温度和反应时间。最终确定了红土镍矿碱式水热法提硅的优化实验参数为：反应温度 250℃，反应时间 2h，碱矿摩尔比 1.2 : 1。在优化的实验参数下，硅的提取率可达 98.8% 以上。

表 2-2 正交实验结果及分析

项目	A 反应温度水平	B 反应时间水平	C 碱矿摩尔比水平	硅的提取率 /%
1	1	1	1	79.70
2	1	2	2	85.86
3	1	3	3	88.83
4	2	1	2	94.47
5	2	2	3	98.89
6	2	3	1	85.31
7	3	1	3	87.83
8	3	2	1	86.64
9	3	3	2	96.89
I	254.39	262.00	251.65	
II	278.67	271.39	277.22	
III	271.38	271.03	275.55	
K_1	84.70	87.33	83.88	
K_2	92.89	90.46	92.41	
K_3	90.46	90.34	91.85	
R	8.19	3.13	8.53	

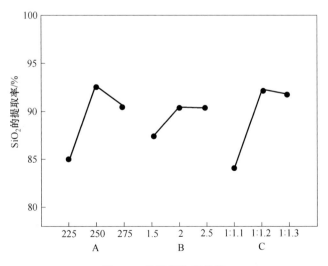

图 2-7 硅的提取率趋势

在最优实验参数下，对红土镍矿进行了碱式水热反应实验。洗涤干燥后，将所得的滤渣取样进行化学成分分析。结果如表 2-3 所示，从表中可以看出，滤渣中 SiO_2 含量较低，说明大部分 Si 已从矿物中分离出来，而 MgO、Fe_2O_3、NiO 等化合物含量明显增加，形成金属富集渣。滤渣的 X 射线衍射分析如图 2-8 所示。结果表明，滤渣的主要相为氢氧化镁和氧化铁。与图 2-4 相比，图 2-8 中含硅矿物的衍射峰消失，说明这些矿物已转化为可溶硅酸盐，经过浸出过程进入滤液。

表 2-3 滤渣的化学组成 （%）

化学组成	Fe_2O_3	MgO	CaO	SiO_2	NiO	Cr_2O_3	Al_2O_3
质量分数	40.91	32.37	5.67	3.12	2.93	1.95	1.37

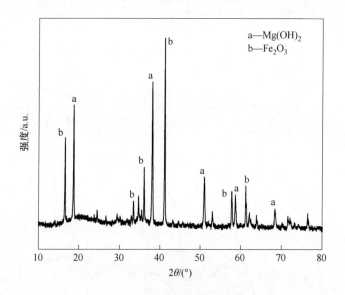

图 2-8 滤渣的 XRD 谱图

图 2-9 （a）~（f） 和 （g）~（l） 分别为红土镍矿和滤渣的扫描电镜及主要元素的元素映射光谱图。从图中可以看出，通过碱式水热反应，红土镍矿的原始形态被破坏。水浸过滤得到的滤渣粒径远小于原矿，且粒度相对均匀。观察元素映射光谱可知，渣中硅的含量显著降低，镁、铁、钙、镍的含量有所增加，这与 X 射线荧光检测分析结果一致。

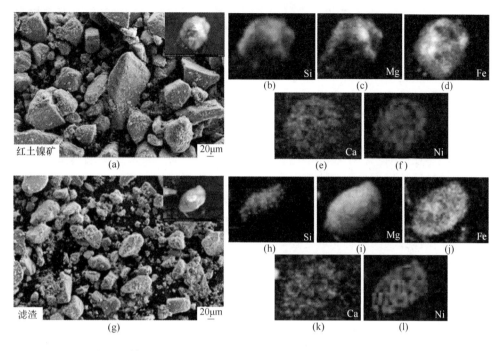

图 2-9 镍红土矿和滤渣的 SEM 图及主要元素的元素映射光谱图

2.4 红土镍矿碱式水热制硅过程的动力学分析

根据红土镍矿的组成及性质，发现红土镍矿中硅元素含量极为丰富。以红土镍矿为原料，氢氧化钠为反应助剂，采用水热工艺对红土镍矿进行处理提硅，所得产物经水浸、过滤后，矿物中的硅以硅酸钠的形式进入滤液，为进一步研制二氧化硅粉体奠定了基础；所得滤渣为金属富集渣，为镁、铁和镍等有价金属元素的提取创造了有利条件。整个工艺过程低温节能环保，无废弃物排放。由于水热反应具有反应温度低的特点，导致其化学反应速度和扩散速度较慢，因此实际生产过程中，其最终结果往往并非取决于反应的热力学条件，而是取决于反应的速度，即由反应动力学条件决定。研究水热法处理红土镍矿的动力学对提高硅的提取率具有重要的实际意义。本节主要研究了碱式水热法从红土镍矿中提硅过程的动力学，确定了其反应控制步骤，建立了该反应体系的动力学方程。

2.4.1 实验设计

使用一定量的氢氧化钠和适量的去离子水制备碱性溶液（质量分数为

80%），按照一定的碱矿摩尔比称量红土镍矿 10g，混合矿石与碱性溶液并搅拌均匀。将混合物浆液倒入反应釜中，并加热至所需温度以开始反应。反应时间设定为 0~120min，取样间隔 15min，反应完成冷却后，加入去离子水 50mL。将上述所得样品置于包好保鲜膜（防止水分蒸发）的烧杯中，在 80℃下溶解 2h，过滤后得到硅酸钠滤液和金属富集渣。

2.4.2 反应动力学分析

实验中使用的原料颗粒大小比较均匀，可以用常规未反应核收缩模型进行处理。反应过程的控制步骤具体可以分为三种：液态反应物或产物通过液体边界层的外扩散、液态反应物或产物通过固体产物层的内扩散和界面化学反应。在以上步骤中，反应最缓慢的则为反应过程的控制步骤。因此可将控制过程分为扩散控制、化学反应控制和两者的混合控制，其中扩散控制又可分为外扩散控制和内扩散控制。在由外扩散的控制下，反应的动力学方程为式（2-6）；在由内扩散的控制下，反应的动力学方程为式（2-7）；在由化学反应控制的情况下，反应的动力学方程为式（2-8）。

$$1 - (1 - \alpha)^{1/3} = k_d t \tag{2-6}$$

$$1 - 3(1 - \alpha)^{2/3} + 2(1 - \alpha) = k_d t \tag{2-7}$$

$$1 - (1 - \alpha)^{1/3} = k_r t \tag{2-8}$$

式中，k_d 和 k_r 为反应速率常数，min^{-1}。

2.4.2.1 不同反应温度与硅提取率的关系

在搅拌强度为 500r/min、碱矿摩尔比为 1.2：1、原料粒度为 44~61μm 的实验条件下，研究了反应温度与硅提取率的关系，结果如图 2-10 所示。从图中可以看出，温度对硅提取率具有一定影响。同一时间内，随着温度的升高，硅提取率也相应提高。在 120min 的反应时间条件下，由 175℃到 250℃的硅提取率从 85.68%上升到了 98.93%。

将所得实验数据分别代入 $1 - (1 - \alpha)^{1/3}$ 和 $1 - 3(1 - \alpha)^{2/3} + 2(1 - \alpha)$，表 2-4 为不同反应温度下得到的表观反应速率常数和相关系数值。比较表中数据可知，利用 $1 - 3(1 - \alpha)^{2/3} + 2(1 - \alpha)$（固体产物层内扩散控制方程）处理数据得到的 R^2 更趋近于数值 1，表明其相关系数更好。图 2-11 为反应时间 t 与 $1 - 3(1 - \alpha)^{2/3} + 2(1 - \alpha)$ 在不同反应温度条件下的拟合，从图中可以观察到，反应时间 t 与 $1 - 3(1 - \alpha)^{2/3} + 2(1 - \alpha)$ 的线性关系良好，说明在实验反应温度条件下碱式水热法从红土镍矿中提硅的反应过程受固体产物层内扩散控制。

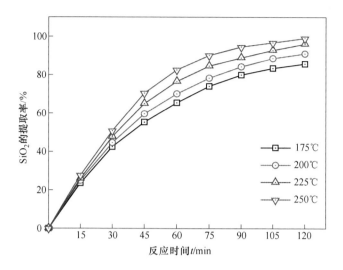

图 2-10　不同反应温度与硅提取率的关系

表 2-4　不同反应温度下的表观速率常数和相关系数值

反应温度 /℃	$1-(1-\alpha)^{1/3}$		$1-3(1-\alpha)^{2/3}+2(1-\alpha)$	
	k_d/k_r	R^2	$k_d/\min^{-1}$	R^2
175	0.05652	0.97459	0.00448	0.99848
200	0.06608	0.98504	0.00551	0.99656
225	0.07866	0.98784	0.00681	0.99747
250	0.09561	0.98976	0.00835	0.99297

　　根据不同温度下的表观反应速率常数 k_d，由阿伦尼乌斯（Arrhenius）方程 $k_d = A \times \exp[-E_a/(RT)]$ 可知

$$\ln k_d = \ln A - \frac{E_a}{RT} \tag{2-9}$$

式中，A 为频率因子，s^{-1}；E_a 为活化能，J/mol；R 为理想气体常数，J/(mol·K)；T 为绝对温度，K。

　　以 $\ln k_d$ 对 T^{-1} 作图，结果如图 2-12 所示，得到一条直线。由该直线方程可求出表观活化能 $E_a = 8.87$ kJ/mol，频率因子 $A = 6.14 s^{-1}$。

　　一般来说，扩散控制过程中，温度影响很小，而化学反应控制过程，温度影

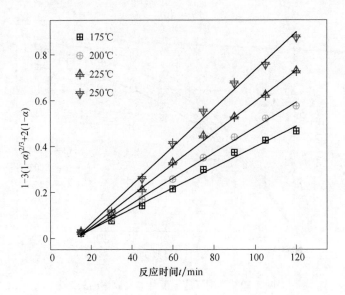

图 2-11 不同反应温度下 $1 - 3(1 - \alpha)^{2/3} + 2(1 - \alpha)$ 与时间的关系

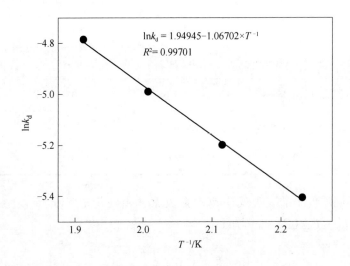

图 2-12 $\ln k_{\mathrm{d}}$ 与 $1/T$ 的关系

响较大。因此，可以通过表观反应活化能的值判断反应的控制步骤。当反应受扩散控制时，表观反应活化能小于 12kJ/mol；当反应受化学反应控制时，表观反应活化能大于 42kJ/mol；当反应受两者混合控制时，表观反应活化能的值为 12～42kJ/mol。根据红土镍矿碱式水热法提硅过程的表观反应活化能 E_{a} 的最终计算结果可知,该反应体系受扩散控制,因此也进一步证明了反应过程中硅的提取率由固体产物层的内扩散速率决定。故而,在实验温度范围内,红土镍矿中硅的提取过程动力学方程可描述为

$$1 - 3(1 - \alpha)^{2/3} + 2(1 - \alpha) = 6.14 \times \exp[-8870/(RT)]t \qquad (2-10)$$

2.4.2.2 不同碱矿摩尔比与硅提取率的关系

不同碱矿摩尔比与硅提取率的关系如图 2-13 所示,反应温度为 250℃,原料粒度为 44~61μm。由图可知,同一时间条件下,随着碱矿摩尔比的增大,硅的提取率均逐渐增大。导致这一现象的原因是增大碱矿摩尔比能够降低体系黏度,从而使液固界面间的传质阻力减小,物质间的扩散速度增大,最终使反应能够更好地进行。

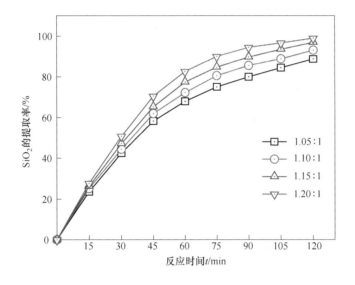

图 2-13　不同碱矿摩尔比与硅提取率的关系

利用未反应核收缩模型 $1 - (1 - \alpha)^{1/3}$ 和 $1 - 3(1 - \alpha)^{2/3} + 2(1 - \alpha)$ 方程对实验所得数据进行处理,表 2-5 为不同碱矿摩尔比条件下的表观速率常数和相关系数,从表中可以观察到,利用 $1 - 3(1 - \alpha)^{2/3} + 2(1 - \alpha)$(固体产物层内扩散控制方程)处理所得数据的相关系数要比 $1 - (1 - \alpha)^{1/3}$(界面化学反应控制方程)更好,这说明红土镍矿碱式水热过程符合固体产物层内扩散控制规律。在不同碱矿摩尔比条件下,固体产物层内扩散控制方程 $1 - 3(1 - \alpha)^{2/3} + 2(1 - \alpha)$ 与反应时间 t 的关系见图 2-14,可知 $1 - 3(1 - \alpha)^{2/3} + 2(1 - \alpha)$ 与反应时间 t 呈良好线性关系。

表2-5 不同碱矿摩尔比下的表观速率常数和相关系数值

碱矿摩尔比 （氢氧化钠：红土镍矿）	$1 - (1 - \alpha)^{1/3}$		$1 - 3(1 - \alpha)^{2/3} + 2(1 - \alpha)$	
	k_d/k_r	R^2	k_d/min^{-1}	R^2
1.05：1	0.05974	0.98161	0.00482	0.99423
1.10：1	0.06972	0.98486	0.00589	0.99323
1.15：1	0.08258	0.98204	0.00717	0.99486
1.20：1	0.09561	0.98976	0.00835	0.99297

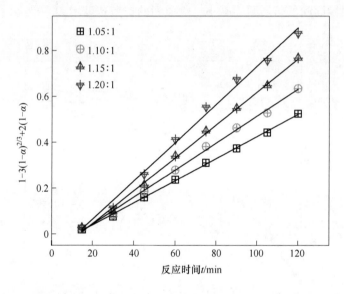

图2-14 不同碱矿摩尔比下 $1 - 3(1 - \alpha)^{2/3} + 2(1 - \alpha)$ 与反应时间 t 的关系

2.4.2.3 不同原矿粒度与硅提取率的关系

本章中的水热体系是一种多相（溶液与固体颗粒之间）的反应过程，其反应物粒径的大小对硅的提取率有着很大影响。在碱矿摩尔比为 1.20：1、反应温度为 250℃ 的实验条件下，研究不同红土镍矿粒度与时间对硅提取率的影响，结果如图 2-15 所示。从图中可看出，同一时间条件下，随着原矿粒度的减小，硅提取率逐渐增大，这是由于反应物粒度减小，比表面积随之增大，内扩散阻力随之减小，从而加快了反应速率，硅的提取率便随之提高。

利用 $1 - (1 - \alpha)^{1/3}$ 和 $1 - 3(1 - \alpha)^{2/3} + 2(1 - \alpha)$ 分别处理上述所得实验数据，表 2-6 为不同原矿粒度下的表观速率常数和相关系数，由表中数据观察对

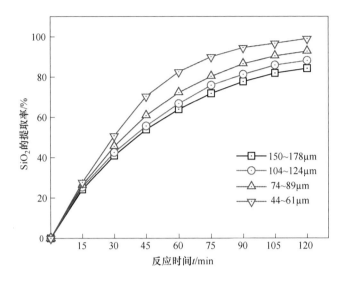

图 2-15 不同原矿粒度与硅提取率的关系

比可知，采用 $1 - 3(1 - \alpha)^{2/3} + 2(1 - \alpha)$（固体产物层内扩散控制方程）处理数据所得到的相关系数 R^2（≈ 1）更好。如图 2-16 所示，固体产物层内扩散控制方程 $1 - 3(1 - \alpha)^{2/3} + 2(1 - \alpha)$ 与时间 t 表现为良好的直线关系，这再次证明了红土镍矿在碱式水热体系中提硅过程的未反应核收缩模型由固体产物层内扩散控制。

表 2-6 不同原矿粒度下的表观速率常数和相关系数值

原矿粒度 /μm	$1 - (1 - \alpha)^{1/3}$		$1 - 3(1 - \alpha)^{2/3} + 2(1 - \alpha)$	
	k_d/k_r	R^2	k_d/min^{-1}	R^2
150~178	0.05379	0.97917	4.20	0.99423
104~124	0.06072	0.98467	4.72	0.99323
74~89	0.07041	0.98691	5.69	0.99486
44~61	0.09561	0.98976	8.35	0.99297

除此之外，根据固体产物层扩散控制动力学模型可知，若反应受固体产物层内扩散控制，则 k_d 与原矿初始直径的平方 d^2 成反比。利用由图 2-16 线性回归求出的反应速率常数 k_d（各直线斜率）作为纵坐标，d^{-2} 为横坐标作图 2-17，由图中线性关系可知，k_d 与 d^{-2} 作图为一条直线，进一步证实了红土镍矿碱式水热法提硅过程为通过固相产物层内扩散控制。

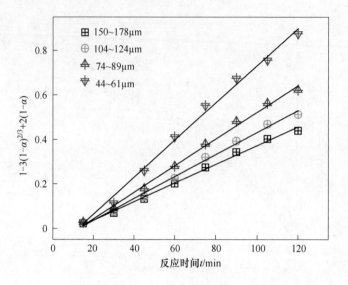

图 2-16 不同原矿粒度下 $1-3(1-\alpha)^{2/3}+2(1-\alpha)$ 与时间的关系

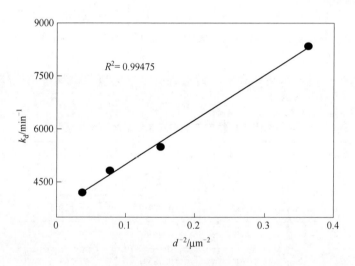

图 2-17 k_d 与 $1/d^2$ 的关系

2.5 本章小结

本章的主要研究内容为通过碱式水热工艺方法对红土镍矿进行提硅，得出以下结论：（1）通过进行单因素实验，探究不同反应温度、反应时间和碱矿摩尔比对硅提取率的影响，得出了最佳反应条件：反应温度 250℃、反应时间 2h、碱矿摩尔比 1.20∶1，此时硅的提取率可达 98% 左右。（2）在单因素实验结果的基础上，通过正交实验优化反应参数，发现影响碱式水热反应的因素大小顺序为：$R_{碱矿摩尔比} > R_{反应温度} > R_{反应时间}$。优化后硅的提取率在 98.8% 以上，达到选择性提硅的效果。（3）采用 XRF、XRD、SEM 等手段对样品进行表征，结果表明，所得滤渣中的 Si 元素含量大大降低，Si 以硅酸钠的形式进入滤液中，滤渣中 Mg、Fe、Ni 等有价元素富集，为红土镍矿后续提取金属元素创造了有利条件。

以氢氧化钠为反应助剂，研究红土镍矿在水热反应体系中硅的提取动力学，考察了不同反应条件与硅提取率的关系，由研究结果得到如下结论：（1）随着反应温度、碱矿比、反应时间的增加和原矿粒度的降低，硅的提取率增大。（2）在反应温度 250℃、碱矿比 1.20∶1，原矿粒度 44~61μm、反应时间 2h 的条件下，硅的提取率可达 98.93%，Fe、Mg、Ni 等金属元素被进一步富集。（3）结果表明，碱式水热法从红土镍矿中提硅的过程受固体产物层内扩散控制。表观反应活化能为 8.87kJ/mol，该过程的动力学方程可描述为：$1 - 3(1 - \alpha)^{2/3} + 2(1 - \alpha) = 6.14 \times \exp[-8870/(RT)]t$。

3 红土镍矿碱式焙烧溶出液化学沉淀法制备球形二氧化硅

目前，二氧化硅主要以人工合成的方法来制备，其制备方法按工艺条件可分为固相法、液相法和气相法。气相法和固相法具有制备的产品纯度高、性能好等突出优点，但其在生产过程中会大量耗能，且设备需要的投资较大从而造成了其成本较高。液相法具有所用原料价廉、广泛的特点，包括微乳液法、溶胶-凝胶法和沉淀法等，其中沉淀法又因其能耗低且生产流程简单，受到了学者们的广泛关注。本章利用2.3节红土镍矿碱式水热反应过程中产生的硅酸钠滤液为原料，选用反应条件较温和的化学沉淀法制备球形二氧化硅粉体，所得的球形二氧化硅粉体后续可作为电极材料用于制备锂离子型电池，扩大了锂离子电池材料的选择范围，提高了其他以二氧化硅为原料的产业原料供应量，降低了原料成本。

3.1 制备工艺

制备球形二氧化硅粉体实验以水热过程所制备的硅酸钠滤液为原料，选用硫酸作为沉淀剂、硫酸钠作为分散剂、聚乙二醇（PEG200、PEG400、PEG600和PEG800）作为表面活性剂，最终醇洗制备出球形二氧化硅。

红土镍矿碱式焙烧溶出液制备球形二氧化硅粉体的工艺流程如图3-1所示。将10%硫酸钠溶液作为分散剂，PEG作为表面活性剂添加到2.3.4节正交实验最优条件下所得硅酸钠溶液中，在集热式磁力搅拌器中将混合好的物料水浴加热升温到50℃后启动机器搅拌，转速范围为300~700r/min。将6%~14%的稀硫酸溶液滴入反应体系，用pH试纸测量酸度，在pH≈3时，停止加入稀硫酸，继续将反应体系升温至设定温度，保温熟化，获得悬浮液，用离心机（2000r/min，5min）进行固液相分离，所得沉淀物用去离子水反复洗涤后再用无水乙醇洗涤至少3次，直至用硫化钡检测不出洗涤液中有硫酸根离子存在，在80℃下干燥12h，干燥后的样品经马弗炉400℃低温焙烧后密封保存，待后续检测分析。

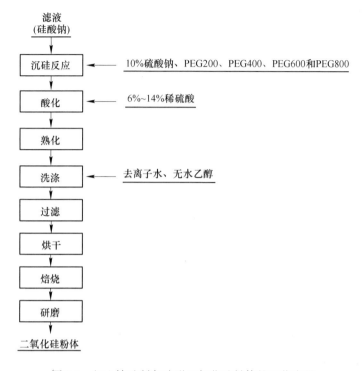

图 3-1　红土镍矿制备球形二氧化硅粉体的工艺流程

3.2　实验原理

当把酸加入以偏硅酸钠（化学式为 $Na_2O \cdot mSiO_2$）为主要成分的硅酸钠溶液时，酸中的 H^+ 与硅酸钠中的氧化钠发生反应可生成水和 Na^+，最终生成沉淀水合硅酸（又名水合二氧化硅），其反应方程式如下：

$$H_2SO_4 + nH_2O + Na_2O \cdot mSiO_2 \longrightarrow Na_2SO_4 + mSiO_2 \cdot (n+1)H_2O \downarrow$$

$$(3-1)$$

以硫酸作为沉淀剂进行二氧化硅制备的工艺容易实现，具有非常稳定的操作条件。与气相法相比，该法设备简单、成本较低、投资较少；与盐酸或硝酸作为沉淀剂进行化学沉淀法制备二氧化硅的工艺相比，其原料成本较低；与碳化法相比该方法工艺更加简单且生产的二氧化硅品质较好。

3.3　工艺参数分析与讨论

利用日本科学株式会社生产的 SmartLab X 射线衍射仪（XRD）分析样品的

主要物相和晶型结构，以 Cu 靶 K_α 射线作为辐射源，管电压为 35kV，波长 λ 为 1.544426×10^{-10} m，扫描速度为 0.04(°)/s，2θ 衍射角扫描范围为 $10° \sim 80°$。用德国蔡司公司的 FEIQanta200 场扫描电子显微镜（SEM）观察样品的表面形貌和颗粒大小。利用马尔文帕纳科公司 Zetium X 射线荧光光谱分析仪（XRF）测定了样品的主要化学成分。英国马尔文公司 Nano-ZS90 型激光粒度仪用于测试样品的粒度分布（测试介质为水）。

3.3.1　硫酸浓度对二氧化硅粉体制备的影响

在本设计中，添加硫酸可以将硅酸钠中的硅酸根离子转化成二氧化硅沉淀，同时硫酸能够中和前期碱式水热提硅反应过程中残留的氢氧化钠；另外，由于选择硫酸作为沉淀剂，因此采用硫酸钠作为分散剂，从而有效地避免其他杂相的引入。在分散剂和表面活性剂的混合溶液中加入硫酸，滴定终点设为 pH ≈ 3，以确保最终能得到二氧化硅沉淀。

从理论来说，较高的酸性可以更好地沉淀出二氧化硅，但是观察实验所得的 SEM 图（图 3-2）可知，在较高的硫酸浓度（12%、14%）下，所得的沉淀颗粒尺寸较大，同时体系中会存在过多的硫酸根离子，使后续洗涤用水量大幅增长，造成水资源浪费；如果所选用的硫酸浓度过低（8%），则难以控制滴加过程，从而对产品的粒径和均匀度产生一定影响，最终所得产物的颗粒尺寸分布不均匀。在图 3-3 中显示了不同浓度的硫酸对二氧化硅颗粒尺寸分布的影响，由图可以看出，当硫酸溶液浓度为 10% 时，二氧化硅颗粒大小最均匀，此时的平均颗粒尺寸大约是 230nm；而硫酸溶液的浓度是其他值时，得到的二氧化硅样品存在颗粒尺寸较大或均匀度较差等问题，所以选用 10% 为最佳的硫酸浓度。

| (a) | (b) |

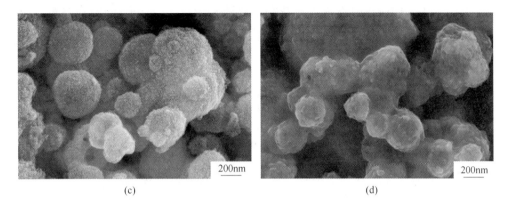

(c)   (d)

图 3-2　不同硫酸浓度所得二氧化硅粉体的 SEM 图

（a）8%H$_2$SO$_4$；（b）10%H$_2$SO$_4$；（c）12%H$_2$SO$_4$；（d）14%H$_2$SO$_4$

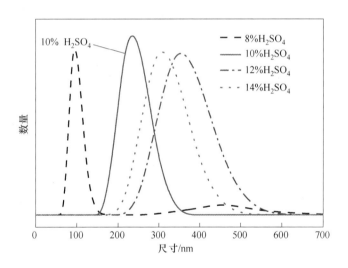

图 3-3　硫酸浓度对二氧化硅粉体粒径分布的影响

3.3.2　熟化温度对二氧化硅粉体制备的影响

熟化的作用是能溶解小颗粒，并使大颗粒在反应体系中持续发育，逐渐变得完整粗壮，同时该作用还可以使吸附在沉淀物上的杂质再一次进入溶液中，从而提高产品的纯度。在反应体系中，温度对硅酸根离子的聚合速率有明显影响。温度越高，二氧化硅粉体的生长速度越快，随着温度的升高，粒子之间的碰撞概率增大，颗粒之间的团聚现象也随之增强；而温度越低，反应速度则越慢，分子的扩散作用随之变弱，颗粒之间便越容易发生团聚。

　　图 3-4 为不同熟化温度下二氧化硅粉体的 SEM 图，其相应的粒径分布见图 3-5。由图可知，60℃时，一些颗粒的团聚现象严重，粒径主要分布在 400nm 左右；在 70℃时颗粒的分布相对于其他熟化温度范围较窄，这表明此时二氧化硅样品的颗粒呈相对均匀分布，其粒径范围在 200nm 左右；在 80℃和 90℃条件下，所得二氧化硅颗粒由于熟化温度过高出现了较为严重的团聚现象，其平均粒径分布分别为 250nm 和 350nm。

图 3-4　不同熟化温度下二氧化硅粉体的 SEM 图
(a) 60℃；(b) 70℃；(c) 80℃；(d) 90℃

3.3.3　熟化时间对二氧化硅粉体制备的影响

　　不同熟化时间下二氧化硅粉体的微观形貌如图 3-6 所示。通过观察发现，熟化时间过短时（0.5h），所得二氧化硅样品颗粒分布均匀，但尺寸较大；如果熟化时间过长（1.5h 或 2.5h），颗粒便会不断生长，从而导致颗粒之间的碰撞概率增加，随之产生明显团聚现象，最终无法生成超细粉体。因此，在二氧化硅粉体的制备过程中，合理地确定熟化时间非常关键。图 3-7 为不同熟化时间下制得的二氧化硅粉体的粒径分布图，由图可知，1h 熟化时间制得的样品颗粒均匀性最好且平均粒径最小，平均粒径分布在 250nm 左右。因此，选择 1h 为最佳的熟化时间。

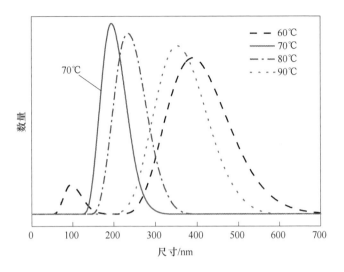

图 3-5　熟化温度对二氧化硅粉体粒径分布的影响

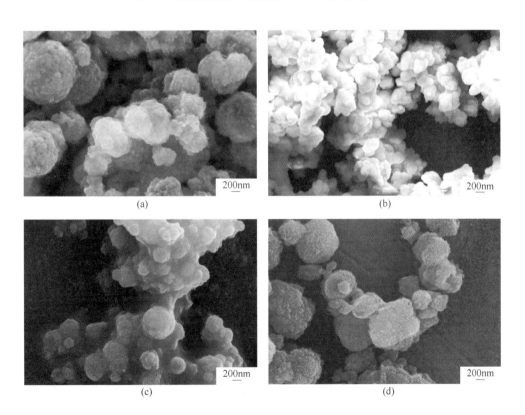

图 3-6　不同熟化时间下二氧化硅粉体的 SEM 图

（a）0.5h；（b）1h；（c）1.5h；（d）2h

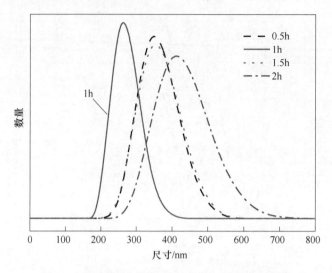

图 3-7 熟化时间对二氧化硅粉体粒径分布的影响

3.3.4 搅拌速度对二氧化硅粉体制备的影响

在化学反应体系中，搅拌经常被用于提高反应速度，其主要作用是促进反应颗粒间的有效碰撞，从而加快化学反应过程。在沉硅的反应中，硅酸根离子的碰撞概率可以通过搅拌来提高，从而缩短反应时间。同时，在向反应体系中滴定加硫酸时，也可以通过搅拌将硫酸与硅酸钠快速混合，从而有效避免体系局部浓度不均匀的问题，防止由过早形成胶体导致的颗粒团聚现象。

不同搅拌速度下所得二氧化硅粉体的微观形貌如图 3-8 所示。不同搅拌速度下所得二氧化硅粉体的粒径分布如图 3-9 所示，结合图 3-8 可知，在 400r/min 的条件下，样品的粒径主要分布于 100nm 左右，但在 400nm 处也有一些颗粒的分布，这表明在此条件下生成的二氧化硅颗粒部分发生团聚，由 100nm 左右的一次晶粒团聚成 400nm 左右的二次晶粒，导致其均匀性较差。通过提高反应过程的搅拌速率可知，所得二氧化硅粉体颗粒的粒径会随着搅拌速度的增大而减小。在进行实验的过程中发现，在 700r/min 的搅拌速度下，由于搅拌强度过大，出现了严重的液滴飞溅，致使该条件下所得二氧化硅粉体的回收率偏低。为确保二氧化硅产品的产量，应选择 600r/min 为最佳搅拌速度。

3.3.5 聚乙二醇种类对二氧化硅粉体制备的影响

采用不同的非离子化表面活性剂 PEG200、PEG400、PEG600 和 PEG800，研究了沉硅过程中不同种类聚乙二醇对所得二氧化硅颗粒尺寸以及微观形貌的影响，每种表面活性剂的用量为 10%。图 3-10 为不同聚乙二醇种类下所得二氧化硅粉体的 SEM 图。图 3-11 为不同聚乙二醇种类对二氧化硅粒径的分布影响，结合

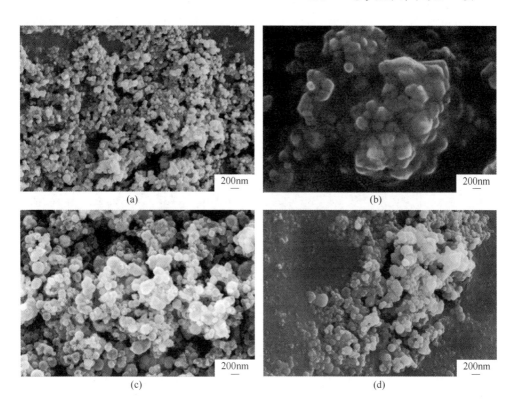

图 3-8 不同搅拌速度下二氧化硅粉体的 SEM 图
（a）400r/min；（b）500r/min；（c）600r/min；（d）700r/min

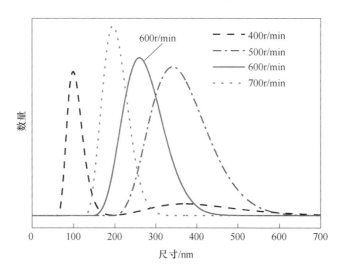

图 3-9 搅拌速度对二氧化硅粉体粒径分布的影响

相应的 SEM 图片，分析结果表明，在加入表面活性剂 PEG800 的条件下，颗粒团聚现象最为严重，制得的二氧化硅粉体颗粒尺寸也因此最大，约为 400nm；当加入 PEG200、PEG600 作为反应体系的表面活性剂时，所得二氧化硅粉体的颗粒尺寸在 350nm 左右，颗粒之间发生轻微团聚；由图 3-11 可知，向反应体系中加入 PEG400 所得的样品颗粒具有较窄的分布范围，且颗粒尺寸较小，呈现正态分布，粒径在 250nm 左右，这表明在所选的表面活性剂种类之内，PEG400 对制得的二氧化硅粉体具有最佳的分散作用。综上所述，向沉硅反应体系中所加入的表面活性剂应选择 PEG400 最为适宜。

图 3-10　不同聚乙二醇种类下二氧化硅粉体的 SEM 图
(a) PEG200；(b) PEG400；(c) PEG600；(d) PEG800

3.3.6　硅酸钠浓度对二氧化硅粉体制备的影响

经过数据处理并计算，得出红土镍矿碱式水热法提硅过程中所得硅酸钠溶液的浓度为 18% 左右。为进一步考察硅酸钠浓度对化学沉淀法制备二氧化硅粉体的影响，本节通过稀释硅酸钠溶液浓度至 6%、10% 和 14%，在其他反应参数最优的条件下，探究了不同硅酸钠浓度（6%、10%、14%、18%）对二氧化硅粉体颗粒尺寸和微观形貌的影响。四种不同浓度的硅酸钠溶液所得二氧化硅粉体的 SEM 图和对产品粒径分布的影响分别如图 3-12 和图 3-13 所示。由图可知，硅酸钠浓

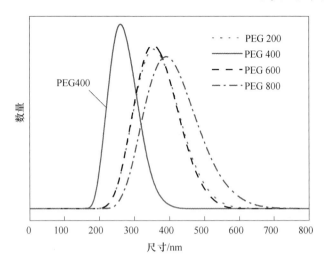

图 3-11 聚乙二醇种类对二氧化硅粉体粒径分布的影响

度对二氧化硅颗粒尺寸有显著的影响，且随着硅酸钠溶液浓度的增加，二氧化硅的颗粒尺寸也随之增大。

图 3-12 不同硅酸钠浓度下二氧化硅粉体的 SEM 图

（a）6%Na_2SiO_4；（b）10%Na_2SiO_4；（c）10%Na_2SiO_4；（d）18%Na_2SiO_4

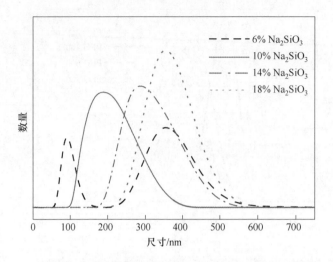

图 3-13   硅酸钠浓度对二氧化硅粉体粒径分布的影响

出现上述结构的原因是在低浓度下（6%），硅酸根离子的含量较低，颗粒的发育速率较慢，从而制得的样品粒径较小，但反应也同时伴随着部分颗粒的生长速度不一致，从而造成了在硅酸钠浓度较低的情况下所得的样品均匀性不佳；而在高浓度的硅酸钠溶液条件下（14%和18%），存在大量的硅酸根离子参与颗粒的生长，由于二氧化硅粒子的生长较稳定，因此不可避免地会伴生团聚现象，最终生成较大尺寸的粉体颗粒。综合上述分析可知，适当稀释硅酸钠溶液至一定浓度范围内，将有利于样品颗粒尺寸的减少及粒径的均匀分布。

3.4   二氧化硅粉体表征

化学沉淀法最佳条件下制得的产物化学成分见表 3-1，化学分析表明所得的硅酸钠滤液经反应后得到纯度较高的二氧化硅，其质量分数为 97.83%，含有微量的氧化铝杂质。

表 3-1   产物的主要化学成分   （%）

组分	SiO_2	Al_2O_3	其他
含量	97.83	1.24	0.93

图 3-14（a）中曲线 1 表示最佳条件下制得的二氧化硅粉体，可以看出其 XRD 图谱与晶体二氧化硅（曲线 2）完全不同。制得的二氧化硅粉体的 X 射线衍射峰强度较弱，有一个较宽的非晶衍射峰在 $2\theta = 25°$ 附近出现，同时有两个强

度较弱的小衍射峰在 $2\theta = 33°$ 附近出现，之后图谱整体趋于平缓，这说明所得的二氧化硅粉体是一种不定形的非晶体结构。从图 3-14（b）可以看出，得到的二氧化硅粉体粒径在 200nm 左右，具有颗粒尺寸较小、均匀性和球状度较佳等优点。

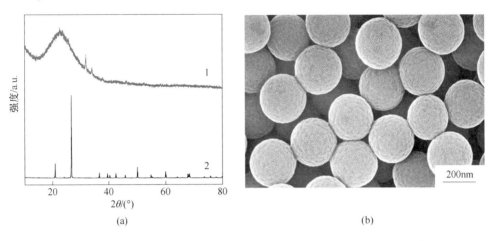

图 3-14　二氧化硅 XRD 图谱（a）和 SEM 照片（b）

3.5　本章小结

本章通过化学沉淀法，以 2.3 节红土镍矿碱式水热工艺产生的硅酸钠滤液为原料，沉淀剂选用稀硫酸、分散剂选用硫酸钠、以聚乙二醇作为表面活性剂，进行二氧化硅粉体的制备，实验研究结果表明：

（1）通过实验探究了不同硫酸浓度、熟化温度、熟化时间、搅拌速度和聚乙二醇种类等因素对所制得的二氧化硅粉体颗粒尺寸、微观形貌和纯度的影响，确定了反应的最佳条件为：硫酸浓度 10%、熟化温度 70℃、熟化时间 1h、搅拌速度 600r/min、表面活性剂为 PEG400。

（2）进一步考察了硅酸钠溶液浓度与球形二氧化硅粉体制备的关系，结果表明，将所得硅酸钠滤液稀释至一定浓度范围内有利于二氧化硅粉体粒度的减小和均匀分布。

（3）通过扫描电子显微镜（SEM）、X 射线粉末衍射（XRD）和激光粒度分布等手段对制得的二氧化硅的物相、结构、形貌和粒径等进行了表征，结果表明：最佳反应条件所得二氧化硅粉体粒径可达 200nm 左右，球形度较好，且颗粒均匀度较佳，纯度可达 97.73%。

4 球形二氧化硅为原料两段煅烧法制备硅酸锰锂正极材料

4.1 概　述

在动力电池和商用电池的开发研制中，正极材料耗资较高，约占成本的 40%。目前的研究和报道主要以化学纯或分析纯试剂作为制备 Li_2MnSiO_4 的硅源，成本较高。而二氧化硅具有原材料来源广、价格低廉等优点，因此可成为制备 Li_2MnSiO_4 正极材料的较佳选择。据悉红土镍矿中的 Si 元素含量高达 50% 左右，极具利用价值。在 3.3 节最佳实验条件下，通过碱式水热工艺将红土镍矿中的主要元素 Si 以硅酸钠的形式分离出来，再利用化学沉淀法以上述硅酸钠滤液为原料合成粒度较小且纯度较高的球形二氧化硅粉体。本章以 3.3 节最佳实验条件下所得的球形二氧化硅粉体为原料，采用两段煅烧工艺合成 Li_2MnSiO_4/C 锂离子电池正极材料，研究了不同反应条件对 Li_2MnSiO_4/C 正极材料的晶体结构，微观形貌以及电化学性能方面的影响。

4.2 制备工艺

4.2.1 前驱体的制备

现存的高温固相技术存在着产品粒度较大、粒径分布不均匀等问题，本节尝试采用两段煅烧工艺对 Li_2MnSiO_4/C 前驱体进行煅烧处理。实验所用原料分别为：在 3.3 节最佳实验条件下制备的二氧化硅、碳酸锰、碳酸锂，各原料按一定的摩尔比称重，然后放入球磨罐（由于后续的高温煅烧，额外加入 5% 碳酸锂，弥补锂在高温下的挥发），加入适量的乙醇和一定量的柠檬酸，将球磨物料混合，以 7:3 的球料比例加入氧化锆球。在行星式球磨机上以 200r/min 的速度进行球磨 5h。经球磨后，置于电热恒温鼓风干燥箱中 80℃ 干燥 12h。将干燥后的物料研磨成粉，放入瓷舟内，先在 450℃ 下预煅烧 5h，然后继续升温进行高温煅烧，最终制得正极材料。

4.2.2 正极极片制备

将活性物质、乙炔黑、黏结剂 PVDF 按 8 : 1 : 1 的比例进行混合。首先，在 120℃下将活性物质与乙炔黑干燥 8h，再加入 PVDF，用玛瑙研钵充分研磨，加入 NMP 调整黏度，再继续研磨，得到正极浆料，涂覆于铝箔上，于 80℃下进行干燥。经冷却后，在电动对辊机上进行挤压，以减小 NMP 挥发后产生的空隙，提高电极的均匀性、平整度和致密度，从而有利于电池组装。采用切片机将其切割为直径 10mm 的圆形极片，在 120℃下于真空烘箱中干燥 8h。其主要工艺流程如图 4-1 所示。

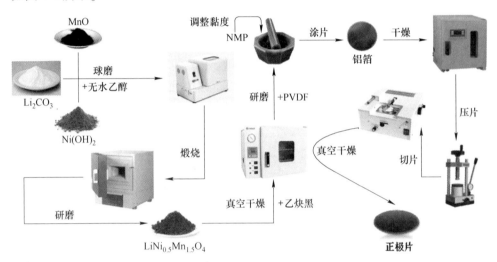

图 4-1 两段煅烧法制备 Li$_2$MnSiO$_4$/C 正极极片流程

4.2.3 电池的组装

以制得的电极极片为正极，金属锂片为负极，1mol/L 的 LiPF$_6$/EC + DMC（体积比 1 : 1 : 1）为电解液，进口聚丙烯微孔膜（Celgard2300）为隔膜。在充满高纯氩气的手套箱中进行组装，获得 2032 型纽扣电池。

4.3 材料分析与检测

4.3.1 材料表征方法

利用日本科学株式会社生产的 SmartLabX 射线衍射仪（XRD）分析样品的主要物相和晶型结构，以 Cu 靶 K$_α$ 射线作为辐射源，管电压为 35kV，波长 λ 为

1.544426×10^{-10}m，扫描速度为 $0.04(°)/s$，2θ 衍射角扫描范围为 $10° \sim 80°$。用德国蔡司公司的 FEIQanta200 场扫描电子显微镜（SEM）观察合成样品的晶粒尺寸和表面形貌。利用扫描电子显微镜的能量色散光谱仪（EDS）定量分析了样品表面元素的分布和含量。英国马尔文公司 Nano-ZS90 型激光粒度仪用于测试物料（测试介质为水）的粒度分布。

4.3.2 电池测试方法

Li_2MnSiO_4/C 锂离子电池的恒流充放电和循环性能利用 CT2001A 型 LAND 电池测试仪进行测试（电压范围为 $1.5 \sim 4.8V$，温度为 25℃），首先将电池在 0.05C 倍率下进行三次激活，然后在该倍率下进行恒流充放电试验。分别在 0.05C、0.1C、1C、2C 和 0.05C 的倍率下连续测试 25 个周期，以表征电池的速率性能。在 0.05C 恒流下循环 100 次，测试电池的循环性能。循环伏安实验利用上海辰华电化学工作站（CHI660E）进行，电位扫描范围为 $1.5 \sim 4.8V$，扫描速度为 0.1mV/s。

4.4 工艺参数分析与确定

4.4.1 前驱体热重分析

在 N_2 气氛中，采用 5℃/min 的升温速率对 Li_2MnSiO_4/C 的前驱体进行了热分析，以考察合成过程中材料的热稳定性，实验结果如图 4-2 所示。通过观察可

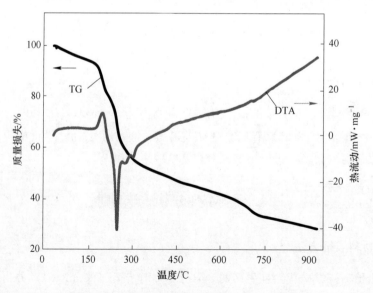

图 4-2 Li_2MnSiO_4/C 前驱体的 TG-DTA 曲线

以看出，升温过程可分为 25~180℃、180~300℃、300~700℃和700~925℃四个阶段。第一阶段的质量损失约为8%，对应DTA曲线上的一个小吸热峰，出现这一现象是由物料中的吸附水蒸发所致。第二阶段的质量损失显著，达到37%左右，相应的差热曲线存在一个大吸热峰，造成该现象的主要原因是柠檬酸和碳酸锰的分解。第三阶段约有17%的质量损失，相应的差热曲线在前期有若干个小峰，其原因是碳酸锂的分解。第四阶段的质量基本没有下降，说明有关化合物已完全分解，前驱体开始结晶形成 Li_2MnSiO_4/C 晶体。根据以上的分析结果，选定样品在450℃进行预煅烧保温5h使反应物完全分解，再在700℃以上进行高温煅烧，以得到最终产物 Li_2MnSiO_4/C 正极材料。

4.4.2 煅烧温度对硅酸锰锂材料的影响

4.4.2.1 煅烧温度对物相与形貌的影响

图4-3为不同煅烧温度下得到的 Li_2MnSiO_4/C 材料的 XRD 谱图。从图中可以观察到样品在700℃和800℃时，由于低温下不易制备获得纯相样品，因此其 XRD 衍射峰存在 Li_2SiO_3 和 MnO 的杂质峰。在900℃时，所制备的样品显示出正交晶体，具有空间群 Pmn2₁ 结构，衍射峰明显比其他煅烧温度尖锐，表明温度对材料的结晶度有显著影响。当温度升高至1000℃时，其衍射峰中出现了明显的（021）、（100）等特征峰，表明该材料中开始出现斜方结构 P2₁/n 高温相。在此条件下，所得到的材料是两种不同的相混合物，因此高温条件可能会降低材料的容量，对材料的电化学性能产生不利影响。XRD 分析表明，所有样品的衍射峰

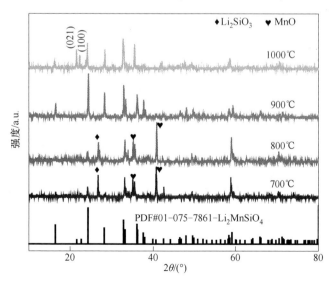

图4-3 不同煅烧温度制备样品的 XRD 谱图

并未发现碳，表面碳为非晶态存在，不会对 Li_2MnSiO_4 的晶体结构产生任何影响。综上所述，900℃煅烧温度下制得的 Li_2MnSiO_4/C 材料具有较尖锐的衍射峰、较高的晶体纯度。

图 4-4 显示了 Li_2MnSiO_4/C 材料在不同煅烧温度下制得样品的 SEM 图。由图可知，在不同的煅烧温度下，所制得的样品均呈细小的颗粒状。虽然颗粒会出现团聚现象，但是颗粒的均匀性较好。相同的时间条件下，在 700℃合成的材料颗粒尺寸较大，并且伴有明显一次小晶粒团聚成二次大晶粒的现象；在 800℃合成的材料，其外形仍保持团聚状态，在 900℃条件下，所得材料的颗粒尺寸最小，粒径呈均匀分布；在 1000℃条件下，制得的材料颗粒粒度变大，表面粗糙，这表明温度过高，会加速材料晶粒的生长，导致晶粒粗大，而较大的晶粒对锂离子在材料晶格中的扩散不利。此外，温度过高还会使 Li_2MnSiO_4/C 正极材料的表面被烧毁，造成材料表面不平整，包覆效果较差。

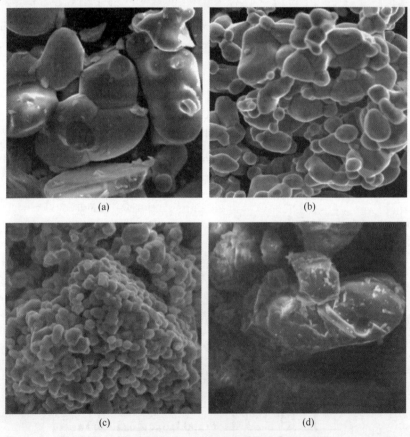

图 4-4 不同煅烧温度下制备样品的 SEM 图
(a) 700℃；(b) 800℃；(c) 900℃；(d) 1000℃

4.4.2.2 煅烧温度对电化学性能的影响

不同煅烧温度合成样品的循环性能如图 4-5 所示，在 0.05C 倍率下，所有样品的放电容量随着循环的进行均有所降低，这是由于 Li_2MnSiO_4 在循环过程中的结构发生了坍塌，从晶态向非晶态转变。此外，在高压条件下，Mn^{2+} 的溶解和电解质的分解都会导致其循环性能下降。结果表明，在 900℃ 条件下，样品的循环性能最佳，此时首次充放电容量达 137.5mA·h/g，经 50 次循环后其容量为 135.1mA·h/g，容量保持率高达 98.2%。样品最终结晶程度和晶粒大小对 Li_2MnSiO_4/C 材料的循环性能影响较大，当煅烧温度适当提高时，材料的结晶度降低，与此同时其粒径减小，而在过高的温度下，由于高温相所产生的较大粒径会使材料的放电容量缩减。综上所述，900℃ 下制备的样品，其晶形较好，粒径较小，更有利于 Li^+ 的脱出和嵌入，材料的导电性得到提高，从而改善了材料的循环容量和循环可逆性。

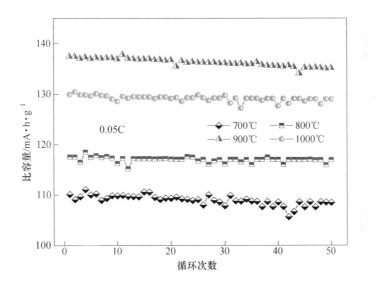

图 4-5 不同煅烧温度下制备样品的循环性能

图 4-6 为煅烧时间 10h，分别在 700℃、800℃、900℃ 和 1000℃ 煅烧条件下制备的 Li_2MnSiO_4/C 样品的倍率性能曲线，从图上可以看到，在各个倍率下 900℃ 煅烧制备的样品放电容量均较高，而且倍率性能较好，0.05C 到 0.1C 放电容量衰减了 17.3mA·h/g，0.1C 到 1.0C 放电容量衰减了 18.4mA·h/g，1.0C 到 2.0C 放电容量衰减了 21.8mA·h/g，当其再次回到 0.05C 时，放电容量为首次放电容量的 98.3%。其他煅烧温度制备的样品，放电容量相对较低，同时其倍率性能与 900℃ 制备的样品相比也稍差。

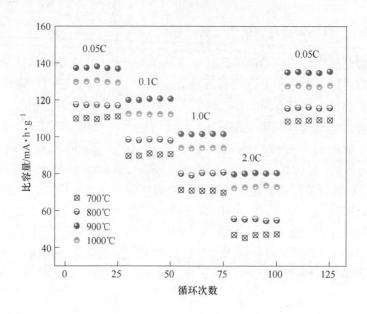

图 4-6   不同煅烧温度下制备样品的倍率性能曲线

4.4.3   煅烧时间对硅酸锰锂材料的影响

4.4.3.1   煅烧时间对物相与形貌的影响

通过 4.4.2 节对煅烧温度因素的考察，得知 Li_2MnSiO_4/C 材料的最适煅烧温度为 900℃，在此条件下，本节讨论 Li_2MnSiO_4/C 材料的最佳煅烧时间。将前驱体放入管式炉，在 Ar 气氛中，先在 400℃ 煅烧 5h 再以 900℃ 恒温煅烧，煅烧时间分别设置为 9h、10h、11h 和 12h，随炉冷却后经过研磨得到不同煅烧时间下制备的 Li_2MnSiO_4/C 正极材料，并对各样品的结构、形貌和电化学性能进行了测试和比较。

图 4-7 为不同煅烧时间下所得 Li_2MnSiO_4/C 样品的 XRD 谱图。由图可知，煅烧时长为 9h 和 10h 的样品均为纯度较高的 Li_2MnSiO_4/C 正极材料。随着煅烧时长由 9h 逐渐增加到 10h，样品衍射峰的强度逐渐增强，半高宽逐渐变窄，样品的结晶度也随之逐渐提高。而当煅烧时延长到 11h 和 12h 时，虽然样品的结晶度良好，但均出现了 MnO 杂质峰，这是由于过长的煅烧时间会使在密闭环境中的 Li_2MnSiO_4/C 分解产生杂质。因此，煅烧时间过长不利于 Li_2MnSiO_4/C 的合成。综上所述，10h 条件下的 Li_2MnSiO_4/C 样品纯度和结晶度都优于其他煅烧时间样品的纯度和结晶度。

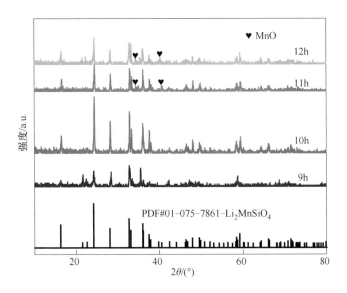

图 4-7 不同煅烧时间下制备样品的 XRD 谱图

图 4-8 展示了不同煅烧时间下得到的 Li$_2$MnSiO$_4$/C 样品的 SEM 图，从总体来看，部分材料的颗粒存在团聚现象。实验结果表明，在 9h 时，由于煅烧时间过短，晶体发育不充分，所得材料的颗粒尺寸分布相对不均匀，小尺寸颗粒居多，但并未发生严重团聚现象；随着时间延长至 10h，颗粒尺寸逐渐变小，粒径分布趋于均匀，分散度较好，团聚现象有所改善；然而，当时间延长至 11h 和 12h 所制备的样品颗粒又会持续生长并伴有显著的团聚现象，从而形成更大的二次晶粒。而较大的晶粒会造成锂离子在晶体中的扩散距离较远，对锂离子在充放电过程中的迁移有不利影响。综上所述，在 10h 的最佳煅烧条件下，所得样品的颗粒分布较均匀，粒径较小。

(a)   (b)

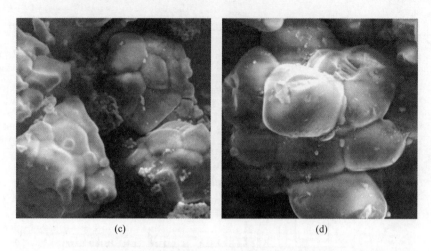

(c)   (d)

图 4-8 不同煅烧时间下制备样品的 SEM 图

(a) 9h；(b) 10h；(c) 11h；(d) 12h

4.4.3.2 煅烧时间对电化学性能的影响

图 4-9 为不同煅烧时间下各样品的循环性能曲线，由图可知，样品在 9h、10h、11h 和 12h 的条件下初始放电容量分别为 108.6mA·h/g、136.8mA·h/g、126.9mA·h/g 和 122.6mA·h/g，循环 50 周后，均略有衰减。由图可知，在

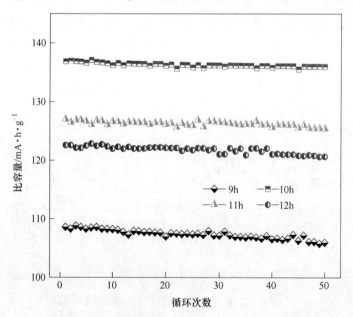

图 4-9 不同煅烧时间下制备样品的循环性能曲线

10h 的煅烧时间下合成的材料具有最大的首次放电容量和循环后剩余容量，且波动相对较小，说明其电化学性能稳定，所以煅烧时间为 10h 的样品性能最好。这一结果与 SEM 分析相一致，缩短煅烧时间会降低材料的结晶度，但延长煅烧时间会导致材料的晶粒增大，从而降低材料的电化学性质。

图 4-10 为不同煅烧时间下制备的 Li_2MnSiO_4/C 样品的倍率性能曲线。所有样品均在 1.5~4.8V 的电压范围内，0.05C 充电后依次在 0.05C、0.1C、1C、2C 倍率下放电并各循环 25 周。在 0.1C、1C 和 2C 时，所有样品的放电容量相对较低，且衰减较大。总体上，10h 的样品表现出较佳的倍率性能，尤其是在 0.05C 放电时表现出较高的放电容量。当电流恢复到 0.05C 时，10h 条件下制得样品的放电容量为 132.2mA·h/g，为首次放电容量的 96.2%，明显高于同条件下其他时间的恢复容量。

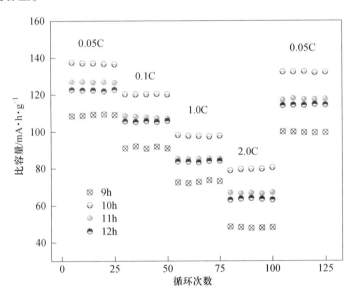

图 4-10　不同煅烧时间下制备样品的倍率性能曲线

4.4.4　碳包覆量对硅酸锰锂材料的影响

4.4.4.1　碳包覆量对物相与形貌的影响

本节所添加的碳源是对金属离子具有一定配合性的柠檬酸，经煅烧（惰性气氛）可以生成无定形碳层，以达到对最终制备的材料性能优化的效果。本节讨论了不同碳包覆量（柠檬酸与碳酸锰摩尔质量比）对 Li_2MnSiO_4/C 材料的影响。将不同比例的柠檬酸与 Li_2MnSiO_4/C 材料的前驱体混合，使碳包覆量分别为 0.2、0.3、0.4、0.5。通过观察图 4-11 能够得出，当碳包覆量为 0.2 时，材料的衍射峰峰值强度较低，含有一定量的杂质，主要为 MnO。当碳包覆量为 0.3 时，材料具有最高的衍射峰峰值，杂质消失，结晶度最佳。然而，随着碳包覆量的不断增大，当碳包覆量为 0.4 和 0.5 时，其衍射峰值强度有所下降。此外，在不同碳包覆量的衍射谱图中，并未发现晶体碳的衍射峰（26°），说明碳的存在形式为非晶态。

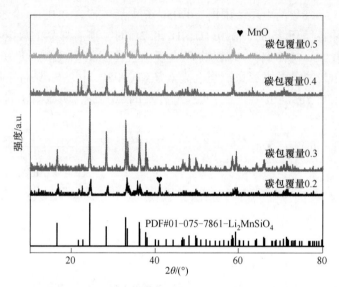

图 4-11 不同碳包覆量下制备样品的 XRD 谱图

图 4-12 为不同碳包覆量下合成的 Li_2MnSiO_4/C 材料的 SEM 图。从四张图中可以看出，在不同碳包覆量的条件下，得到的样品形态有显著差异。随着碳包覆量的增加，Li_2MnSiO_4/C 材料的颗粒尺寸逐渐变小。碳包覆量为 0.2 的条件下，因为柠檬酸含量过低，所以所得的样品粒径较大；加大柠檬酸的剂量，在碳包覆

(a)   (b)

图 4-12　不同碳包覆量下制备样品的 SEM 图
(a) 碳包覆量 0.2；(b) 碳包覆量 0.3；(c) 碳包覆量 0.4；(d) 碳包覆量 0.5

量为 0.3 的情况下，样品的粒径开始减小，并且粒度分布更加均匀；随着碳包覆量提高到 0.4、0.5，样品的一次晶粒尺寸也随之逐渐减少，但一次晶粒间会出现团聚现象，形成更大的二次晶粒。通过对上述结果分析可知，加入柠檬酸有利于制备颗粒尺寸更小的材料。这是由于柠檬酸会在煅烧时生成碳，从而阻碍了晶粒的生长。在添加的碳包覆量超过 0.3 的情况下，样品颗粒会发生较大的团聚，从而对其电化学性能产生不良影响。

4.4.4.2　碳包覆量对电化学性能的影响

图 4-13 显示了不同碳包覆量的 Li_2MnSiO_4/C 材料在 0.05C 下的循环性能。由图可知，各样品的放电容量都伴随着循环圈数的增加而逐渐减小。在整个循环过程中，呈现出最高放电容量的是碳包覆量为 0.3 的样品，在经过 50 圈循环后，其放电容量仍可达 136.9mA·h/g。而当样品的碳包覆量为 0.2、0.4 和 0.5 时，在经过 50 圈循环后，各样品分别保持 113.5mA·h/g、130.0mA·h/g 和 125.1mA·h/g 的放电容量。碳包覆量为 0.3 时，其电化学性质最佳，这是因为在此条件下，碳包覆层和电子导电性两者之间的平衡效果最佳。碳包覆量太高或太低会影响产物的电化学性能，随着碳包量的减少，Li_2MnSiO_4/C 材料的电化学特性主要受电子导电率的影响；随着碳包覆量的增加，Li_2MnSiO_4/C 材料自身电化学性能受碳包覆量的影响要比受电子导电率的影响大。

图 4-14 为 Li_2MnSiO_4/C 材料的倍率性能曲线。由图可知，当碳包覆量为 0.2、0.4 和 0.5 时，在 0.05C 的倍率下容量衰减较为严重，最后分别稳定在 111.6mA·h/g、131.4mA·h/g 和 125.5mA·h/g 左右，与之相比，碳包覆量为

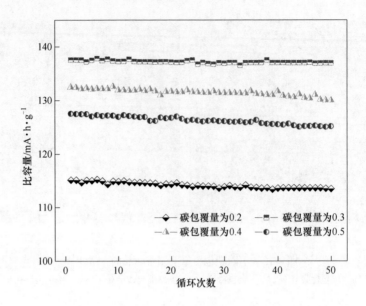

图 4-13 不同碳包覆量下制备样品的循环性能曲线

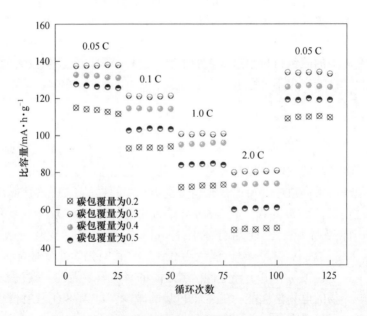

图 4-14 不同碳包覆量下制备样品的倍率性能曲线

0.3 的样品有更好的倍率性能，0.05C 的容量基本稳定在 137.5mA·h/g 左右，并且有上升趋势，在 0.1C、1C 和 2C 时的容量也高于其他条件，这可能是因为材料具有相对较小的粒径。由此也可以说明，对 Li_2MnSiO_4/C 材料来说，碳包覆层对其导电率的提高和电化学性能的改善具有一定作用，但想要达到最佳效果，碳包覆量必须控制在一定的范围之内。

4.4.5 最佳条件下制备的硅酸锰锂材料性能

最优条件下合成的 Li_2MnSiO_4/C 材料的 XRD 如图 4-15 所示。XRD 谱图中的所有衍射峰均对应于 Li_2MnSiO_4 的正交结构，空间群为 $Pmn2_1$。样品的衍射峰尖锐，晶体程度较好，谱图中没有发现其他物质的衍射峰，表明制得的 Li_2MnSiO_4/C 正极材料纯度较高。

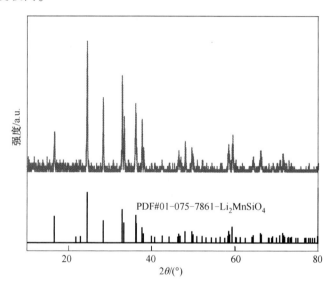

图 4-15 Li_2MnSiO_4/C 正极材料的 XRD 谱图

最优条件下合成的 Li_2MnSiO_4/C 的 SEM 图如图 4-16（a）所示。材料的电化学性能受自身颗粒尺寸影响较大，颗粒尺寸越小，越能缩短锂离子的扩散距离，从而越有利于材料电化学性能的发挥。在高倍率下，可以看出合成的 Li_2MnSiO_4/C 材料的颗粒均匀性不是很理想，在煅烧过程中还伴随着团聚现象的产生，样品的主要元素的元素映射光谱如图 4-16（b）~（e）所示，制得的样中含有氧、锰、硅和碳元素，其元素分布与 Li_2MnSiO_4/C 材料一致。从图中可以看出，碳包覆材料表面的碳较少且分布均匀，材料表面有一定量的锰和硅存在，造成这一现象的原因是碳包覆量较少，包覆的碳层较薄，其厚度远低于测试深度（几微米），所以包覆层下的元素仍能被检测到。

图 4-17 为最佳条件下合成的 Li_2MnSiO_4/C 正极材料在 1C 倍率下的前三次充放电曲线。首圈放电容量为 109.8mA·h/g，为理论容量（333mA·h/g）的 34%，对应于 1 个 Li^+ 的可逆脱嵌。从图中可以看出，首次充放电曲线与后面的

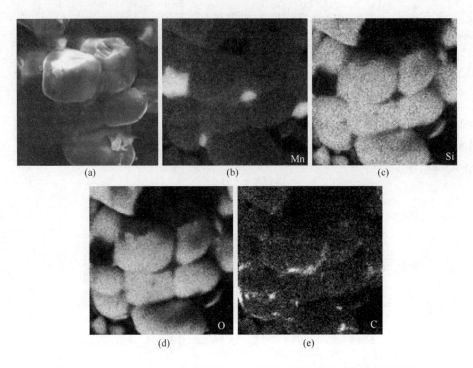

图 4-16 Li$_2$MnSiO$_4$/C 正极材料的 SEM 图及主要元素的元素映射光谱图

曲线类似，说明制备的材料具有较好的结构稳定性。第二圈的放电容量减小到 105.2mA·h/g，而第三圈的放电容量为 93.7mA·h/g。

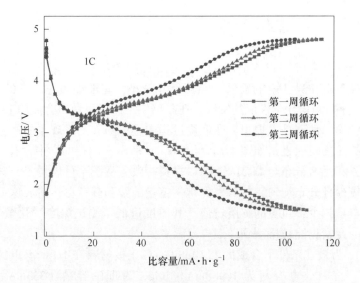

图 4-17 Li$_2$MnSiO$_4$/C 正极材料的前三次充放电曲线

为了更好地观察充放电过程中样品的氧化还原过程，对合成材料进行了三圈的循环伏安测试。扫描电压范围是 1.5~4.8V，扫描速度是 0.1mV/s，结果如图 4-18 所示，通过观察可以发现，样品在接近 4.5V 的位置，有一个非常显著的非可逆氧化峰，此氧化峰与材料在充电时 Mn^{2+} 氧化为 Mn^{3+}/Mn^{4+} 的转化过程相对应，表明在充电过程中，样品至少可以脱出一个以上的锂离子。循环过程中，材料大约在 3.5V 时产生的氧化峰与 Mn^{2+} 氧化成 Mn^{3+} 及伴随的不可逆副反应相对应。在 1.8V 左右出现的小峰表明 Li_2MnSiO_4/C 样品在首次充电时的结构可能发生转变，形成了非晶体结构。

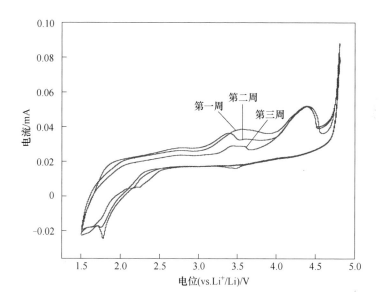

图 4-18　Li_2MnSiO_4/C 正极材料的循环伏安曲线

图 4-19 为最佳条件下合成的 Li_2MnSiO_4/C 在 0.05C 倍率下的循环性能曲线。从图中可以看出，Li_2MnSiO_4/C 材料的放电容量随循环次数的增加而降低。在 0.05C 的倍率下，首次放电容量达 137.5mA·h/g，100 圈循环后，其容量下降至 133.8mA·h/g，容量保持率达 97.3%。图 4-20 为 Li_2MnSiO_4/C 正极材料的倍率性能图，分别在 0.05C、0.1C、1C 和 2C 的倍率下进行 25 次充放电循环，材料放电容量分别为 136.7mA·h/g、120.1mA·h/g、101.5mA·h/g 和 80.6mA·h/g。当电流再次回到 0.05C 倍率时，最佳条件下制得样品的放电容量保持率约为首次放电容量的 96.3%。

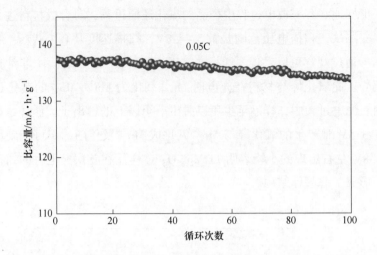

图 4-19 Li$_2$MnSiO$_4$/C 正极材料的循环性能

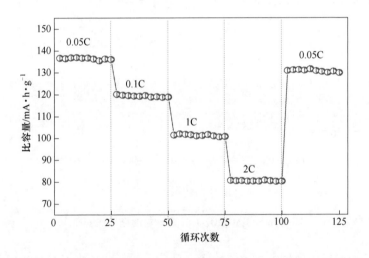

图 4-20 Li$_2$MnSiO$_4$/C 正极材料的倍率性能

4.5 本章小结

本章利用第 3 章红土镍矿碱式水热溶出液硅酸钠制备的球形二氧化硅粉体为原料，采用两段煅烧工艺来合成 Li$_2$MnSiO$_4$/C 正极材料，考察了煅烧温度、煅烧时间、碳包覆量三个因素对所制得的 Li$_2$MnSiO$_4$/C 正极材料的晶体结构、微观形貌和电化学性能方面的影响，最终得出的结论如下：

（1）通过实验，最终得出两段煅烧工艺合成 Li_2MnSiO_4/C 正极材料的最佳条件为：煅烧时间 900℃，煅烧时间 10h，碳包覆量 0.3，此时制备的 Li_2MnSiO_4/C 材料纯度较高，颗粒较小，更有利于缩短锂离子扩散距离。

（2）电化学测试结果表明：在 0.05C 倍率下，最佳条件下合成的 Li_2MnSiO_4/C 正极材料具有 137.5mA·h/g 的首次放电容量，经 100 次循环后，该材料的放电容量仍可达 133.8mA·h/g，容量保持率高达 97.3%。

（3）以红土镍矿制备的球形二氧化硅为原料合成的 Li_2MnSiO_4/C 正极材料具有经济、环保、节能、产物性能好等优点，值得进一步研究。

5 红土镍矿的中温酸式焙烧提取铁元素

5.1 概　述

红土镍矿酸式焙烧料的溶出液是酸性溶液，原矿中98%以上的铁以溶质形式进入溶液中。水解法沉铁易于将高浓度铁离子溶出液催化形成氢氧化铁胶体，不仅难以过滤，还夹带其他有价元素，从而造成大量有价金属的损失，即作为红土镍矿冶炼中主要目标产物的镍会流失。因此为了沉出大量铁离子，我们还需要寻找一种行之有效的方法，例如研究黄铵铁矾沉铁法改善沉淀性质和过滤性能。虽然黄铵铁矾在湿法冶金中解决了铁元素分离的重大问题，但是作为从溶液中分离出铁元素的产物很难作为产品。本章以红土镍矿焙烧料的溶出液为研究对象，加入含有一价阳离子的碳酸氢铵调节 pH 值，从而使铁元素以黄铵铁矾晶体分离出来。实验考察了反应温度、反应时间、终点 pH 值以及搅拌速度对沉铁率的影响，得到了适合的实验条件。以制备出的黄铵铁矾为原料，加入碳酸氢铵调节 pH 值，从而使黄铵铁矾晶体中的铁元素以三氧化二铁形式分离出来。实验考察了水解温度、水解时间、水解 pH 值、液固比与黄铁矾水解率的关系。

对于固相碳热还原方法，首先需要思考的就是它的成本。由于三价铁材料的来源非常多、便宜、好储存、不容易氧化，因此采用它作为磷酸铁锂正极材料成为当今的热门话题。另外，固相法与液相法相比具有简单的制备工艺且此工艺已经发展成熟、制备的产品较多和需要原材料比较廉价等的特点。此外，将机械活化和碳热还原法结合使用，以及使用三价铁源替代原始的二价铁源合成所需材料，这种方式可以大批量地工业化生产。由于工业生产必须考虑诸如生产费用、原材料存储以及有无安全隐患等问题，而球磨机的机械活化可以研磨并完全搅拌原料，并且可以使原材料颗粒更细小并提高反应活性，所以它是处理前驱体使用最多的方法。在碳热还原法中，由有机物分解的碳可用于抑制材料体积膨胀。因此，选取合适的初始原料、烧结温度、时间等成为需要研究的方面。

5.2　制备原理

红土镍矿中镁、镍、铁在一定的焙烧条件下均能与硫酸铵发生反应，涉及的主要化学反应方程式为

$$2MgO + 3(NH_4)_2SO_4 \longrightarrow 3(NH_4)_2Mg_2(SO_4)_2 + 4NH_3\uparrow + 2H_2O \quad (5-1)$$

$$Fe_2O_3 + 4(NH_4)_2SO_4 \longrightarrow 2NH_4Fe(SO_4)_2 + 6NH_3\uparrow + 3H_2O \quad (5-2)$$

$$Fe_2O_3 + 3(NH_4)_2 \longrightarrow Fe_2(SO_4)_3 + 6NH_3\uparrow + 3H_2O \quad (5-3)$$

硫酸铵加热时将会发生分解反应：

$$(NH_4)_2 \xrightarrow{213 \sim 408℃} NH_4HSO_4 + NH_4\uparrow \quad (5-4)$$

$$2NH_4HSO_4 \xrightarrow{408 \sim 630℃} (NH_4)_2S_2O_7 + H_2O\uparrow \quad (5-5)$$

$$3(NH_4)_2S_2O_7 \xrightarrow{630 \sim 819℃} 2NH_3\uparrow + 2N_2\uparrow + 6SO_2\uparrow + 9H_2O\uparrow \quad (5-6)$$

总反应如下：

$$3(NH_4)_2SO_4 \xrightarrow{213 \sim 819℃} 4NH_3\uparrow + N_2\uparrow + 3SO_2\uparrow + 6H_2O\uparrow \quad (5-7)$$

通过前面红土镍矿 XRD 图谱可知，实验选用的原矿主是硅镁型红土镍矿，所以采用硫酸铵焙烧方法，并以吉布斯自由能来表示矿物与硫酸铵反应的主要方程式为

$$2Mg_3[Si_2O_5(OH)_4] + 9(NH_4)_2SO_4 \longrightarrow$$
$$3(NH_4)_2Mg_2(SO_4)_3 + 12NH_3\uparrow + 10H_2O\uparrow + 4SiO_2 \quad (5-8)$$

$$\Delta_r H_{m,1}^{\ominus} = -1807071 - 29.35T + 14.81 \times 10^{-3}T^2 - 151.03 \times 10^5 T^{-1}$$

$$\Delta_r G_{m,1}^{\ominus} = -1807071 + 29.35T\ln T - 478.81T - 14.81 \times 10^{-3}T^2 - 75.51 \times 10^5 T^{-1}$$

$$2Fe_2MgO_4 + 15(NH_4)_2SO_4 \longrightarrow$$
$$(NH_4)_2Mg_2(SO_4)_3 + 16NH_3\uparrow + 4(NH_4)_3Fe(SO_4)_3 + 8H_2O\uparrow \quad (5-9)$$

$$\Delta_r H_{m,2}^{\ominus} = -554862 - 12.47T + 17.41 \times 10^{-3}T^2 - 37.58 \times 10^5 T^{-1}$$

$$\Delta_r G_{m,2}^{\ominus} = -554862 + 12.47T\ln T + 485.99T - 17.41 \times 10^{-3}T^2 - 18.79 \times 10^5 T^{-1}$$

$$NiO + H_2SO_4 \longrightarrow NiSO_4 + H_2O\uparrow \quad (5-10)$$

$$CoO + H_2SO_4 \longrightarrow CoSO_4 + H_2O\uparrow \quad (5-11)$$

$$MnO + H_2SO_4 \longrightarrow MnSO_4 + H_2O\uparrow \quad (5-12)$$

反应 (5-8) 和反应 (5-9) 在一定温度范围内 ΔG 为负值，因此，反应能够进行。通过上述结果可以看出，反应 (5-8) 和反应 (5-9) 可在常温的条件下反应。通过实验探索发现，在常温下硫酸铵就可以浸出红土镍矿石中的 Ni，只是浸出率太低，反应速度太慢。由反应式推出的结果可以看出，反应温度是影响硫酸铵浸出红土镍矿石的最重要因素，所以反应温度低对 Ni 的浸出率便小。对于反

应 (5-8) 表示来讲, 升高温度而 ΔG 值小于 0 的程度更大了, 所以温度的提升会使反应的程度更大。尽管反应 (5-9) 的 ΔG 值在 700℃ 以下仍为负值, 所以反应可以在一定的条件范围内进行, 即反应 (5-9), 随着温度不断升高, 其 ΔG 增大, 表明升高温度不利于该反应的进行。

因为在红土镍矿中 Ni、Co、Mn 以及 Fe 元素主要以取代 Mg 的蛇纹石矿相的形式存在, 为此想要提高 Ni、Fe 元素的浸出率, 就必须增加反应温度来提升矿物与硫酸铵的反应率, 原因是硫酸铵受热分解成硫酸氢铵可以很好地酸化蛇纹石矿。与此同时, 由反应 (5-9) 可知, 温度升高可以减少硫酸铵与镍铁矿石的反应, 但同时也抑制 Fe 的浸出, 所以从整体上控制温度, 达到提取有价金属的目的。硫酸铵的沸点为 600℃, 并且在常温下就可以与红土镍矿反应, 为避免硫酸铵受高温影响而不能参与反应, 影响反应效率及浸出率, 因此焙烧温度也不宜过高。

5.2.1 黄铵铁矾的焙烧原理

黄铵铁矾的分子式可以写成 $AFe_3(SO_4)_2(OH)_6$, 其中 A 代表一价阳离子 (K^+、Na^+、NH^{4+} 等)。J. Babcan 研究了温度-pH 值的关系, 研究表明在低 pH 值下, 必须在较高温度下黄铁矾才能稳定存在 (20℃ 时, pH 值范围是 2~3; 100℃ 时, pH 值范围是 1~2.3; 而 200℃ 时, pH 值则为 1~1.2。实际上, pH<3.0), 溶液电位大于 0.66V 和 Fe^{3+} 浓度大于 0.001mol/L 时, 黄铁矾即可稳定存在。

黄铵铁矾的形成需要几大因素: (1) 溶液中要有一价阳离子的存在; (2) 溶液中要有硫酸根离子的存在; (3) pH 值要低于 3.0; (4) 溶液中要有 Fe^{3+} 离子的存在。黄铁矾稳定易于沉降、过滤、洗涤, 在水溶液中的溶解度很低 (几乎不溶), 其中钾矾溶解度最低。所涉及的化学反应式有

$$3Fe_2(SO_4)_3 + 6H_2O \longrightarrow 6Fe(OH)SO_4 + 3H_2SO_4 \tag{5-13}$$

$$4Fe(OH)SO_4 + 4H_2O \longrightarrow 2Fe_2(OH)_4SO_4 + 2H_2SO_4 \tag{5-14}$$

$$2Fe(OH)SO_4 + 2Fe_2(OH)_4SO_4 + AOH \longrightarrow A_2Fe_6(SO_4)_4(OH)_{12} \tag{5-15}$$

5.2.2 黄铵铁矾水解的原理

黄铵铁矾是需要在酸性介质中形成的, 但水解则需要在碱性的介质中来完成, 因此黄铵铁矾水解是一个逆向反应, 其通式可以写成 $AFe_3(SO_4)_2(OH)_6$, 其中 A 代表一价阳离子 (K^+、Na^+、NH^{4+} 等), 其中 A/SO_4^{2-} 的原子配比是 1:3, 因此黄铁矾水解过程中要产生游离的 SO_4^{2-}。水解中需要不断地中和游离的 SO_4^{2-}, 使得水解能够彻底。所涉及的化学反应式如下:

$$3Fe_2(SO_4)_3 + 6H_2O \Longrightarrow 6Fe(OH)SO_4 + 3H_2SO_4 \tag{5-16}$$

$$4Fe(OH)SO_4 + 4H_2O \Longrightarrow 2Fe_2(OH)_4SO_4 + 2H_2SO_4 \tag{5-17}$$

$$2Fe(OH)SO_4 + 2Fe_2(OH)_4SO_4 + AOH \Longrightarrow A_2Fe_6(SO_4)_4(OH)_{12} \tag{5-18}$$

5.3 材料的合成与制备

5.3.1 工艺流程

5.3.1.1 红土镍矿的焙烧

采用硫酸铵焙烧法将一定比例的硫酸铵与红土镍矿研磨搅拌均匀后造球，通过真空干燥箱进行烘干，放入马弗炉中焙烧，恒温焙烧一段时间自然冷却后，将坩埚取出对熟料进行研磨，研磨后放于烧杯中用水进行溶出。溶出过程将溶液放置电热炉上进行加热，并使用叶片搅拌器进行搅拌，搅拌一段时间过后，将样品离心洗涤，并测定溶出液中铁和镍的提取率。

5.3.1.2 黄铵铁矾的制备

实验在一个 1L 的烧杯中进行，将浸出液全部倒进烧杯中，放在电热炉上加热 100℃，同时放入双叶搅拌器 400r/min 进行搅拌，约 1h 后溶液由红色向黄色转变，pH 值渐渐降低。期间加入 NH_4HCO_3 调节 pH 值为 2.5（NH_4HCO_3 为 10g/100mL）来促进黄铵铁矾的形成。反应结束后，用离心机将溶液进行 3 遍离心洗涤，得到黄铵铁矾和滤液，黄铵铁矾放入烘箱中 80℃ 烘干放入干燥器中，滤液中的铁含量用钛（Ⅲ）还原重铬酸钾滴定法测定。

5.3.1.3 黄铵铁矾水解的制备

将黄铵铁矾和去离子水以一定液固比放入恒温水浴锅中加热，以 400r/min 的转速搅拌，加入氨水调节溶液的 pH 值，来促进黄铵铁矾的水解。反应结束后，过滤分离，得到三氧化二铁和滤液，将三氧化二铁洗涤后干燥，滤液可以循环使用。图 5-1 为由红土镍矿制备 $LiFePO_4/C$ 正极材料的流程图。

5.3.1.4 $LiFePO_4/C$ 正极材料的制备

以 Fe_2O_3 为铁源，加入锂源、磷源和碳源，球磨混合均匀后，以摩尔比 1∶1∶1 在 650℃、700℃、750℃、800℃ 氢气气氛下焙烧 8h、12h、14h、18h 制备 $LiFePO_4/C$ 正极材料。利用 X 射线衍射、扫描电镜等手段分析 $LiFePO_4/C$ 正极材料的成分、相组成、形貌、晶粒大小、孔隙结构和体相结构，通过恒电流充放电考察其电化学性能，分析工艺条件、形貌结构与电化学性能之间的关系，进而获得 $LiFePO_4/C$ 正极材料优化合成工艺。

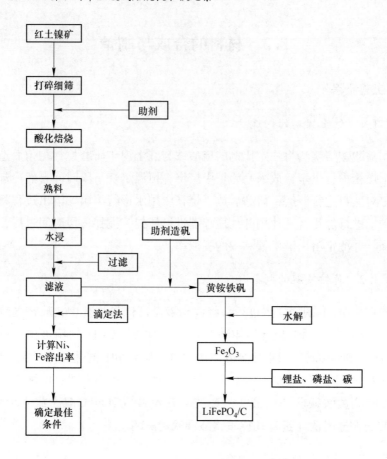

图 5-1　实验流程图

5.3.2　铁元素含量检测方法

5.3.2.1　钛（Ⅲ）还原重铬酸钾滴定法测铁

在盐酸溶液中，二氯化锡可将大部分 Fe^{3+} 还原为 Fe^{2+}，发生的化学反应如下：

$$2Fe^{3+} + Sn^{2+} + 6Cl^- \longrightarrow 2Fe^{2+} + SnCl_6^{2-} \tag{5-19}$$

用钨酸钠作指示剂，以三氯化钛将剩余的 Fe^{3+} 还原为 Fe^{2+}，稍过量的三氯化钛能使钨酸钠还原为钨蓝，再用重铬酸钾氧化过量的三氯化钛至蓝色消失，发生的主要化学反应为

$$Fe^{3+} + Ti^{3+} \longrightarrow Fe^{2+} + Ti^{4+} \tag{5-20}$$

以硫-磷混酸为介质（硫-磷混酸是为了消除 Fe^{3+} 氧化指示剂的影响，也可避

免 Fe^{3+} 的黄色掩盖蓝紫色终点），以二苯胺磺酸钠为指示剂，用重铬酸钾标准溶液滴定，发生的化学反应如下：

$$Cr_2O_7^{2-} + 6Fe^{2+} + 14H^+ \longrightarrow 2Cr^{3+} + 6Fe^{3+} + 7H_2O \qquad (5-21)$$

溶液配制：

（1）（1+1）盐酸。

（2）氯化亚锡溶液（50g/L）：称取 5g 氯化亚锡，将其溶于 20mL 盐酸中，然后用水稀释至 100mL。

（3）钨酸钠指示剂（250g/L）：称取 20g 固体钨酸钠，溶于水，加 5mL 浓磷酸，用水稀释至 100mL，混合均匀。

（4）氯化钛盐酸溶液：将 1mL 15%氯化钛溶液与 40mL（1+4）盐酸溶液在棕色瓶中混合，并在瓶上覆盖一层液体石蜡，使用寿命为 15 天。

（5）硫-磷混酸：$V(硫酸)：V(磷酸)：V(水) = 15：15：70$。

（6）二苯胺磺酸钠指示剂（5g/L）：称取 0.5g 二苯胺磺酸钠，将其溶于 100mL 水中，加入 1~2 滴硫酸，充分摇匀，并保存在棕色瓶中。

（7）重铬酸钾标准溶液：在干净的小烧杯中称重 1.2258g 重铬酸钾，用水溶解，定量转移至 250mL 容量瓶中，用水稀释至刻度，并摇匀。

分析步骤如下：

（1）取待测液于锥形瓶中；

（2）加 30mL（1+1）盐酸，在电热板上微沸 10min；

（3）趁热加氯化亚锡溶液至无色；

（4）溶液温度在 20~40℃时，加钨酸钠 10 滴；

（5）用三氯化钛溶液滴至蓝色，然后再滴 1 滴；

（6）滴加重铬酸钾标准溶液，直至蓝色消失；

（7）立即加入 10mL 硫磷混合酸；

（8）加入 3 滴二苯胺磺酸钠指示剂；

（9）立即用重铬酸钾标准溶液滴定至蓝紫色，这是终点（计数）。

计算公式如下：

$$w(Fe) = \frac{C \times V \times M_{Fe} \times 6}{W_s \times 1000} \times 100\% \qquad (5-22)$$

式中，C 为 $K_2Cr_2O_7$ 的浓度，g/L；V 为 $K_2Cr_2O_7$ 的体积，L；M_{Fe} 为铁的相对分子质量；W_s 为试样的质量，g。

5.3.2.2 丁二酮肟吸光光度法测镍

在碱性介质中存在氧化剂的情况下，镍和二乙酰肟形成可溶的酒红色配合物，并使用分光光度计在 460nm 下测量吸光度。

铁和铝会在碱性溶液中形成氢氧化物沉淀，可被酒石酸钠钾掩盖；氢氧化钠将溶液调节为碱；过硫酸铵是氧化剂；当镁含量高时，会在碱性溶液中沉淀，沉淀会阻碍光度测量，并且可以在显色完成后添加 EDTA 来消除。7mL 的 50g/L EDTA 溶液可以消除 10mL/g 的镁的干扰。

分析步骤如下：

（1）移取 5mL 溶液于容量瓶中；

（2）加 10mL 500g/L 酒石酸钾钠溶液；

（3）加 10mL 50g/L 氢氧化钠溶液中和至试液呈碱性；

（4）加 10mL 50g/L 过硫酸铵溶液；

（5）加 10mL 10g/L 丁二酮肟碱性溶液；

（6）用吸收皿，以试样空白为参比，在 510nm 处测量其吸光度。

注意事项如下：

（1）10g/L 丁二酮肟碱性溶液：称取 1g 丁二酮肟溶于 100mL 50g/L 的氢氧化钠溶液中（塑料烧杯），过滤后使用（溶液贮存于塑料瓶中）。

（2）过硫酸铵溶液：用时配制。

（3）氢氧化钠溶液：贮存于塑料瓶中。

（4）参比溶液：先加入 EDTA 溶液，再加入其他试剂。

5.4 电极制备及扣式电池组装

5.4.1 电极的制备

将活性物质、乙炔黑和黏结剂 PVDF 按质量比 8∶1∶1 混合搅拌 4h，并用专用刮刀将制成的浆料涂在铝箔上，干燥。在 120℃ 的真空干燥箱中，在 6MPa 的压力下压成 13mm 的圆形极片，转移到充满氩气的电池手套箱中作为正极。负极为金属锂片，电解液为体积比为 1∶1∶1 的 1mol/L $LIPF_6$、碳酸乙烯酯和碳酸二甲酯。正极与负极之间选择 Celgard2400 隔膜，加不锈钢垫片和弹簧片来制备扣式电池。

5.4.2 扣式电池的组装

图 5-2 是扣式电池的结构示意图。在整个组装过程中，应从下往上有序地进行，首先滴加适量的电解液，然后组装覆活性物质的极片、隔膜、锂片、垫片、弹簧片和垫圈，后盖上不锈钢极片。通过封口机进行封口最后得到扣式电池。全部流程都需要在真空高纯度的氩气气氛下进行操作，装备完成待 24h 过后进行电化学性能测试。

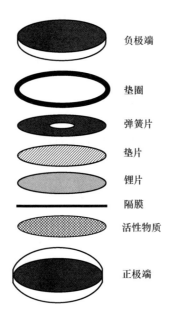

图 5-2 扣式电池结构示意图

5.5 材料的表征方法与测试方法

材料的晶体结构用丹东方圆仪器公司生产的 X 射线衍射仪分析，型号为 DX-2500，材料选择和检测参数：铜靶，K_α 射线，电压为 40kV，电流为 45mA 和扫描速度为 0.03(°)/s，扫描范围为 10°~90°。

使用 Zeiss 的 SUPRA55 扫描电子显微镜分析样品的晶粒尺寸和微观形貌。实验方法：将少量样品涂在导电带上，然后放入仪器中，调整仪器参数并观察样品的形貌。采用北京恒久科学仪器生产的 HCTZ 综合热分析仪进行热重-差热分析，来对材料进行热处理，并用于反应机理的分析。

充放电试验主要用于测量二次锂离子电池脱锂的比容量和循环性能，是锂离子电池研究中最重要的实验步骤。

理论质量比容量 $\qquad C_0 = 26.8 \times 1000/M \qquad$ (5-23)

实际质量比容量 $\qquad C = I \times T/W \qquad$ (5-24)

式中，M 为相对分子质量；I 为充电和放电电流；T 为充电和放电时间；W 为电池中活性物质的质量，g。电池充满后，将其放在充电和放电系统上超过 10h，并测量充电和放电性能。对于 $LiFePO_4$ 正极材料，充电和放电电压范围为 2.0 ~ 4.2V，扫描速率为 0.1mV/s。

电化学阻抗谱，简称 EIS，主要用于研究小振幅电流的极化和平衡电位下正弦交流电信号的测量，以测量电化学交流阻抗的变化以及与频率变化的关系，可以获得锂离子脱嵌的动力学参数，例如锂离子迁移率、电荷转移电阻、锂离子通过固体电解质相扩散和迁移的 SEI 膜电阻以及活性材料的电子电阻，从而提供了便利。阻抗谱是使用上海华瑞股份有限公司的 660+887 工作站测量的，参数为：幅度为 5mV，范围为 100kHz~10MHz。

5.6 硫酸铵焙烧红土镍矿单因素实验

5.6.1 硫酸铵焙烧温度对红土镍矿溶出率的影响

在少量的水中加入 10g 的红土镍矿和 6g 的硫酸铵，制作成球形，80℃进行烘干，放入马弗炉中维持 5h 进行焙烧，冷却至室温后取出产物，将取出的产物放在电炉子上的 100℃的水中浸出 1h，随后测试水溶液中镍元素和铁元素的含量，同时探究材料焙烧温度的变化对镍元素和铁元素产率的变化情况，其结果如图 5-3 所示。

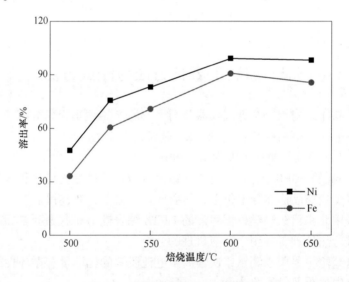

图 5-3 焙烧温度对溶出率的影响

观察并分析图 5-3 可得，在焙烧温度较低时，对红土镍矿焙烧溶出的全部金属阳离子的溶出率均偏小，而溶出率偏小的原因是在温度低于 500℃时，红土镍矿的矿相几乎无变化，其结构稳定，在与硫酸铵反应时反应少且速率低。而在焙烧温度从 500℃升高至 550℃，金属镍的溶出率快速变大，由 47.51% 增大到 83.1%。温度升高至 600℃以上时，Ni 的溶出率开始逐渐平稳，有价金属 Ni 的溶出率达到 99.23%。而 Fe 的溶出率在 600℃即达到最大值 91.68%，之后随着温度的升高逐渐降低，而在温度上升至 650℃ 时，铁元素的溶出率降低，变为 85.59%。这是因为当温度升高至 650℃，在高反应温度下可溶性铁的铵盐与硫酸盐产物的产出率相对较低，这会造成红土镍矿中铁元素的溶出率降低且能耗高。综合考虑，选择最佳焙烧温度为 600℃。

5.6.2 硫酸铵焙烧时间对红土镍矿溶出率的影响

在少量的水中加入 10g 的红土镍矿和 6g 的硫酸铵，然后均匀搅拌成糊状，制作成球形，80℃烘干，轻轻放入马弗炉中在 600℃ 下焙烧一段时间，冷却至室温后取出产物，将取出的产物放在电炉子上的 100℃的水中浸泡 1h，随后测试水溶液中镍元素和铁元素的含量，同时探究硫酸铵焙烧时间对镍元素和铁元素产率的影响，其结果如图 5-4 所示。

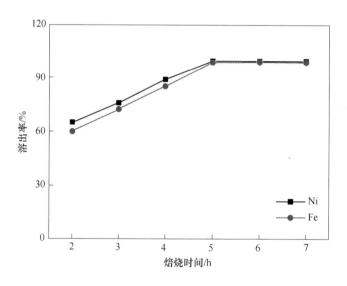

图 5-4　焙烧时间对溶出率的影响

由图 5-4 分析可得：在焙烧时间由 2h 增大至 5h 时，焙烧时间与矿物中有价金属镍和铁的产率呈正相关关系，矿物中有价金属镍的溶出率由 65.35% 增大至 99.86%，铁的溶出率由 60.23% 增大至 99.06%；而在焙烧时间超过 5h 时，硫酸铵与目标矿物的焙烧反应已大体结束，进一步增加焙烧时间，有价金属镍和铁的溶出率大致无变化，这是因为在焙烧时间在 5h 时，易反应的有价金属相关组分已经基本完全反应，而增加焙烧时间仅仅会使得红土镍矿组分的反应速率变大，进一步使得铁反应转化为可溶性盐，因而焙烧时间由 5h 增大至 7h 时，有价金属镍和铁的溶出率大体保持平衡，所以选取 5h 为最佳焙烧时间。

5.6.3 硫酸铵用量与红土镍矿的配比对溶出率的影响

在少量的水中加入 10g 的红土镍矿和 6g 的硫酸铵，制作成球形，80℃烘干，轻轻放入马弗炉中在 600℃下持续焙烧 5h，冷却至室温后取出产物，将取出的产物放在电炉子上的 100℃的水中浸泡 1h，随后测试水溶液中镍元素和铁元素的含量，同时探究硫酸铵所用剂量对镍元素和铁元素产率的影响，其结果如图 5-5 所示。

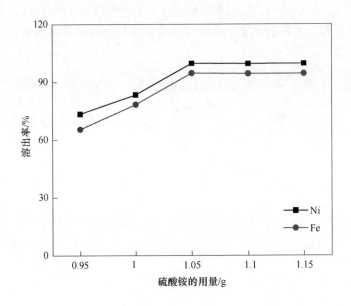

图 5-5　硫酸铵用量对溶出率的影响

观察分析图 5-5 可得，当硫酸铵与红土镍矿用量的摩尔比从 1 : 0.95 增加到 1 : 1.05 时，有价金属镍、铁的溶出率由 73.51%、65.53%提高到 99.62%、94.47%。当两者的摩尔比大于 1 : 1.05 时，即使硫酸铵所用剂量变大，有价金属镍、铁的溶出率也趋于最大值。

进而可以得出，在硫酸铵与红土镍矿用量的摩尔比为 1 : 1.05 时，红土镍矿中有价金属镍、铁的产率近乎最大，而继续加大硫酸铵使用剂量对提高有价金属镍元素和铁元素产率意义不大。此外，分析可知硫酸铵使用剂量的增加会使得金属铁元素的产率增大，但增幅较小。总体而言，焙烧时间为 5h，焙烧温度为 600℃时，硫酸铵的用量对镍、铁的溶出影响较小。综合考虑，最佳硫酸铵用量与红土镍矿的摩尔比为 1 : 1.05。

5.7 硫酸铵焙烧红土镍矿正交实验

通过上述单因素实验基础上，采用正交实验方案探索研究红土镍矿与硫酸铵焙烧反应。取温度（500℃、550℃、600℃）、时间（3h、4h、5h）和酸矿摩尔比（1∶1.05、1∶1.1、1∶1.5）三个正交因素，设计了三因素三水平 L_9（3^3）的正交实验，见表 5-1。实验结果见表 5-2。在各因素选定的范围内，对实验结果做极差分析。由极差大小可知，影响镍和铁的提取率的各因素主次顺序依次为焙烧温度、焙烧时间、酸矿摩尔比。

表 5-1 正交实验因素水平表

水平	A 温度/℃	B 时间/h	C 酸矿摩尔比
1	500	3	1∶1.05
2	550	4	1∶1.1
3	600	5	1∶1.15

表 5-2 正交实验结果

项目	A 温度水平	B 时间水平	C 酸矿摩尔比水平	Fe_2O_3 提取率 /%	Ni 提取率 /%
1	1	1	1	62.436	65.37
2	1	2	2	79.294	82.15
3	1	3	3	74.358	79.84
4	2	1	2	80.21	86.29
5	2	2	3	89.438	95.42
6	2	3	1	94.875	98.31
7	3	1	1	91.657	96.23
8	3	2	3	88.046	97.57
9	3	3	1	98.85	99.61

项目	A 温度水平	B 时间水平	C 酸矿摩尔比水平	Fe_2O_3 提取率 /%	Ni 提取率 /%
I	216.09	264.52	278.55		
II	234.30	256.78	268.08		
III	278.55	268.08	255.45		
K_1	72.03	88.17	92.85		
K_2	78.1	85.59	89.6		
K_3	92.85	89.36	85.15		
R_1	20.82	7.7	3.77		
I	227.36	280.02	293.41		
II	206.21	218.14	221.23		
III	293.41	277.76	271.49		
K_1	75.79	93.3	97.8		
K_2	68.73	72.71	73.74		
K_3	97.8	92.59	90.50		
R_1	29.07	24.06	20.59		

　　由图 5-6 和图 5-7 可知采用红土镍矿与硫酸铵焙烧法提取元素铁、镍的三个因素趋势。从图中可以看出，反应温度是影响提取率的最大因素，随着温度的升高，铁的提取率逐渐增大，而当反应温度上升到 600℃ 时，铁的提取率也随之变化至峰值处，此外，随着反应时间的延长，铁元素的提取率先减小而后逐渐增大，但当两者摩尔比逐步增大时，铁的提取率也逐步减小。此外，镍的提取率与铁的提取率不同，镍的提取率先随着反应温度的升高而减小，随后增大，而在反应温度为 600℃ 时镍元素的提取率达到峰值。并且随着红土镍矿与硫酸铵反应时间的逐步延长，在反应 5h 处镍的提取率并没有增大相反有减小的趋势，但本书综合考虑后期的研究选择 5h 进行焙烧。当摩尔比不断增大时镍的提取率先减小再增大。

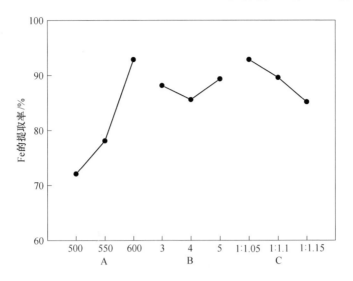

图 5-6 红土镍矿 Fe 的提取率与因素水平关系图

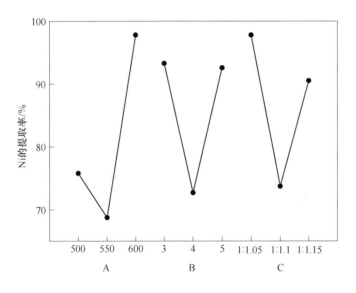

图 5-7 红土镍矿 Ni 的提取率与因素水平关系图

综上实验分析可初步拟定本实验的优化水平为：反应温度为 600℃、反应时间为 5h、硫酸铵与红土镍矿用量摩尔比为 1∶1.05，在设置的三个工艺参数过程中，其极差大小的次序为：$R_C < R_B < R_A$。进而得到了本次实验影响因素的主次顺序：

主 ──────────────────────────→ 次

反应温度　　　反应时间　　　物料配比

5.8　动力学分析

通过上述实验研究得出硫酸铵作为焙烧红土镍矿焙烧助剂对铁元素的溶出率有良好的效果，基于此，进行了硫酸铵焙烧红土镍矿体系的动力学分析，红土镍矿与硫酸铵的焙烧体系是一种具有代表性的固液反应体系，当整个体系达到最低共熔点时，反应体系中出现液相。为进一步说明反应现象，计算出该反应的表观活化能，进而用收缩未反应核模型来表征。

焙烧过程可分为四个步骤：（1）酸液混合物通过扩散层向外扩散到红土镍矿颗粒表面；（2）熔融后的酸混合物通过产物层进行内扩散；（3）红土镍矿石分解生成的不溶性颗粒堆积在产物层，溶性产物铁元素通过产物层扩散；（4）铁元素通过扩散层扩散到体系中。上述四个反应步骤中，反应最慢的步骤控制该反应的反应速率，因此，化学反应的控制方式可分为化学反应控制、扩散反应控制（内扩散和外扩散）。

当反应速率受固体边界层扩散控制时，固体产物层的扩散速率决定了反应速率，用下式来描述反应速率：

$$\alpha = k_d t \tag{5-25}$$

当固体产物层的扩散控制反应速率时，固体产物层的扩散速率决定反应速率，焙烧动力学可描述为

$$1 + 2(1 - \alpha) - 3(1 - \alpha)^{2/3} = k_d t \tag{5-26}$$

当界面化学反应控制了反应速率时，焙烧过程的动力学可以用如下表达式描述：

$$1 - (1 - \alpha)^{1/3} = k_r t \tag{5-27}$$

式中，α 为铁元素的溶解速率；k_d 为扩散表观速率常数；k_r 为反应表观速率常数；t 为反应时间。

即当铁元素溶出率满足公式（5-25）时，该反应受外扩散反应控制；当化学反应速率满足公式（5-26）时，该反应受内扩散控制，该反应过程中没有生成固体产物层，因此不受内扩散控制；当化学反应速率满足公式（5-27）时，该反应受化学反应控制。

根据公式（5-25）计算出以硫酸铵为助剂焙烧红土镍矿石在不同反应温度和时间下的铁元素溶出率，然后根据铁元素的溶解速率计算出 $1 + 2(1 - \alpha) - 3(1 - \alpha)^{2/3}$ 的值，并绘制出该值与焙烧时间的关系图，表5-3列出了表观反应速率常数及其相关系数，结果表明，该反应不受内扩散控制，此计算结果与理论相符。

表 5-3　表观反应速率常数及其相关系数

焙烧温度/℃	k/min^{-1}	R^2
550	0.0084	0.94217
600	0.0089	0.91726
650	0.0093	0.93284

继续将数据代入公式（5-27），图 5-8 反映了不同温度下焙烧时间 t 与 $1-(1-\alpha)^{1/3}$ 的关系，由图可以清楚地看出焙烧时间 t 与 $1-(1-\alpha)^{1/3}$ 呈良好的线性关系，可以清楚地说明焙烧过程的表面化学反应决定了焙烧速率，此结果与收缩未反应核模型相符。

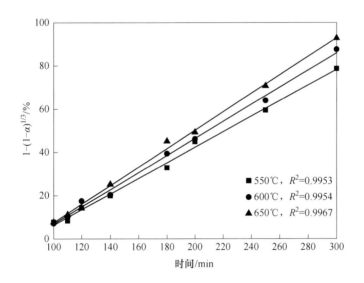

图 5-8　不同反应温度下 t 与 $1-(1-\alpha)^{1/3}$ 的关系

由图 5-8 可以计算出不同温度下的表观反应速率常数 k，并绘制出 T^{-1} 与 $\ln k$ 的关系曲线，如图 5-9 所示，由直线斜率可近似求得该表观反应活化能 E_a。

通过 Arrhenius 方程式（5-28）和式（5-29）可计算出焙烧过程的表观活化能为 9.68414kJ/mol。

$$k = A\exp[-E_a/(RT)] \tag{5-28}$$

$$\ln k = -E_a/(RT) + \ln A \tag{5-29}$$

式中，T 为热力学反应温度，K；E_a 为表观反应活化能，kJ/mol；A 为频率因子，s^{-1}；R 为摩尔气体常数，$R = 8.314$ J/mol。

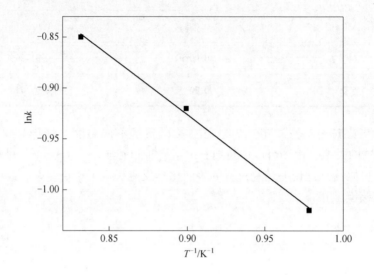

图 5-9 T^{-1} 与 ln$k$ 的关系曲线

表观反应活化能也可确定焙烧反应的控制步骤，当 $E_a < 12$ kJ/mol 时，该反应受扩散控制；当 $E_a > 42$ kJ/mol 时，该反应为化学反应控制；当 12 kJ/mol $< E_a <$ 42 kJ/mol 时，该反应为混合控制。根据硫酸铵与红土镍矿焙烧过程中的表观活化能 E_a 的计算结果，红土镍矿石与硫酸铵混合体系焙烧的反应过程为扩散控制。同时得出该体系焙烧过程的动力学方程为：$[1 - (1 - \alpha)^{1/3}] =$ $1.12595 \exp[-9684.14/(RT)]t$。

5.9 本章小结

本章通过红土镍矿硫酸铵焙烧工艺方法得到以下结论：

（1）探索硫酸铵焙烧单因素实验的研究条件，考察了反应温度、时间以及酸矿摩尔比对铁和镍的溶出率的影响，实验结果表明：最佳矿料与硫酸铵摩尔比为 1∶1.05，最佳焙烧温度为 600℃，最佳焙烧时间为 5h。

（2）根据单因素实验结果进行焙烧正交实验研究，其影响因素的大小顺序为：$R_C < R_B < R_A$。得到镍提取率大于 99.61%，铁提取率大于 98.85%，达到选择性提取有价金属的效果。

（3）为探究硫酸铵与红土镍矿混合体系的反应过程，对其混合体系进行动力学分析，结果表明，在不同温度下焙烧时间 t 与 $1 - (1 - \alpha)^{1/3}$ 的关系曲线呈良好的线性关系，说明硫酸铵与红土镍矿混合体系焙烧的反应过程受化学反应控制。根据 T^{-1} 与 $\ln k$ 的关系曲线求得 E_a 为 8.83272kJ/mol。E_a 的计算结果表明，该过程为扩散控制。综合上述实验结果，硫酸铵与红土镍矿混合体系焙烧的反应过程为混合控制，即受化学反应控制和扩散控制。同时得出该反应过程的动力学方程为：$[1-(1-\alpha)^{1/3}]=5.1872\exp[-8832.72/(RT)]t$。

6 红土镍矿硫酸铵焙烧溶出液制备三氧化二铁

6.1 黄铵铁矾的制备

以红土镍矿焙烧料的溶出液为研究对象，加入含有一价阳离子的碳酸氢铵调节 pH 值，从而使铁元素以黄铁矾晶体分离出来。实验考察了反应温度、反应时间、终点 pH 值、搅拌速度对沉铁率的影响关系，得到了适合的实验条件。

6.1.1 温度对沉铁率的影响

反应时间为 4h、终点 pH 值为 2.5、搅拌速度选择 400r/min 时，反应温度对沉铁率的影响如图 6-1 所示。从图 6-1 可以看出，反应温度是沉铁率的一个重要的影响因素，反应温度与沉铁率是成正比的。在温度由 60℃升高至 80℃过程中，沉铁率增加明显，80℃以上时沉铁率升高幅度变小，当温度达到 95℃时，沉铁率可达 98.35%。由于温度比较低时，成矾速度比较缓慢而且很难过滤，因此推荐95℃为最佳温度。

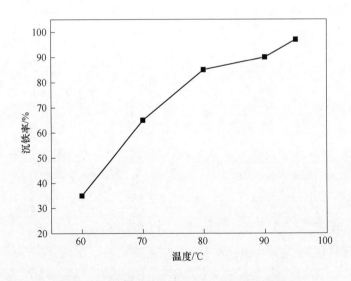

图 6-1 黄铵铁矾沉铁率与反应温度的关系

6.1.2 反应时间对沉铁率的影响

在反应温度为95℃、终点 pH 值为2.5、搅拌速度为400r/min 状态下，黄铵铁矾反应时间与沉铁率之间的关系如图 6-2 所示。从图 6-2 可以看出，反应时间的长短对整个过程黄铵铁矾沉铁率影响十分显著，随着反应时间逐步增加，沉铁率也同时随之渐渐增大，反应时间在2.5~4.0h 时，沉铁率增加程度相比于其他阶段更加明显，而当反应进行到4h 以后基本达到平衡状态，4h 时沉铁率即可达到98.35%，因此4h 宜为最佳时间。

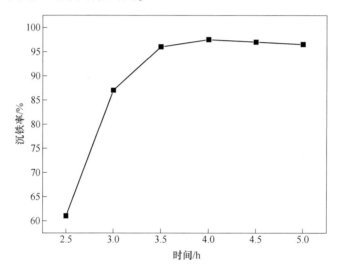

图 6-2 黄铵铁矾沉铁率与时间的关系

6.1.3 终点 pH 值对沉铁率的影响

在反应温度为95℃、反应时间为4h、搅拌速度为400r/min 时，考察黄铵铁矾终点 pH 值对沉铁率的影响，结果如图 6-3 所示。从图 6-3 可以看出，终点 pH 值对黄铵铁矾沉铁率影响较大，随着 pH 值的增大，黄铵铁矾的沉铁率逐渐上升，当 pH 值达到2.5 以后再提高 pH 值，沉铁率达到平衡状态，pH 值为2.5 时最大沉铁率为98.35%，因此2.5 宜为最佳 pH 值。在实验中，需要缓慢添加碳酸氢铵，如果结晶太快，颗粒太细或局部溶液 pH 值太高，则导致 $Fe(OH)_3$ 胶体生成。

6.1.4 搅拌速度对沉铁率的影响

根据文献记载，搅拌速度对黄铵铁矾形貌有影响，从而影响后期锂离子电池的电化学性能。在反应温度为95℃、终点 pH 值为2.5、反应时间为4h 时，考察黄铵铁矾搅拌速度对沉铁率的影响，结果如图 6-4 所示。从图 6-4 可以看出，搅

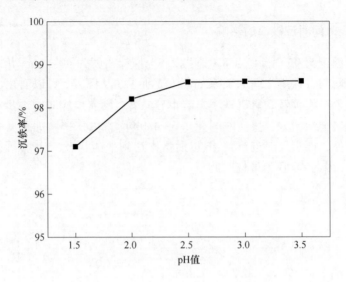

图 6-3　黄铵铁矾沉铁率与 pH 值的关系

拌速度对黄铵铁矾沉铁率的影响效果十分显著，搅拌速度与铁的提取率成正比，搅拌速度从 100r/min 提高到 400r/min 过程中沉铁率有大幅度的上升，但当搅拌速度提高至 400r/min 及以上后，铁的提取率基本达到平衡，400r/min 时沉铁率即可达到 98.35%。因此 400r/min 宜为最佳速度。提高搅拌速度，扩散速度和传质过程加快，颗粒之间的碰撞激烈起来，这样一来矿石上面的沉积物容易被破坏掉，反应速率提高得更显著。搅拌速度 400r/min，是酸溶液与矿石充分接触的最佳转速，再提高搅拌速度不会对提取铁含量有所改善。

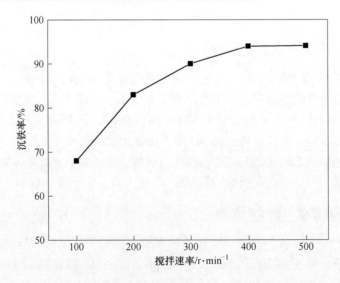

图 6-4　黄铵铁矾沉铁率与搅拌速度的关系

在反应温度为95℃、水解时间为4h、pH值为2.5条件下，考察搅拌速度对黄铵铁矾形貌的影响，实验结果如图6-5所示。从图6-5（a）~（c）可以看出，黄铵铁钒颗粒形状不规则、表面粗糙、结构松散、颗粒大小不均，与黄土矿略有相似。图6-5（d）为400r/min时的SEM图，由图可见，黄铵铁钒颗粒表面结构非常均匀，以片状形式存在，表面光滑，并且堆叠在一起，规则有序，片状大小适中，呈花朵状。随着搅拌速度增加（图6-5（e）），破坏材料结构使其表面结构大小不一，略有些散碎凌乱。在不同搅拌速度下，400r/min的纳米片状结构做出的磷酸铁锂性能良好，锂离子具有较好的迁移能力。其电化学性能可归因于材料本身规则的片状结构和良好的颗粒分散性，有利于提高材料的电导率和锂离子的扩散速率，从而大大提高了材料的速率性能。

图6-5 不同转速下的SEM图

（a）100r/min；（b）200r/min；（c）300r/min；（d）400r/min；（e）500r/min

6.2 黄铵铁矾的化学成分分析以及微观形貌

黄铵铁矾的SEM微观形貌如图6-6所示，由SEM照片可见，黄铵铁矾颗粒形状规则，大小均匀，黄铵铁矾颗粒如同堆积的花朵，规则有序。黄铵铁矾的化学分析数据列于表6-1中。研究表明黄铵铁矾的主要成分是三氧化二铁，其三氧化二铁含量达58.65%，其主要杂质有三氧化硫、三氧化二铝等。黄铵铁矾的XRD谱图如图6-7所示，由图可见黄铵铁矾的衍射峰峰形尖锐，表明黄铵铁矾晶体生长完全。

(a)   (b)

图 6-6 黄铵铁矾的 SEM 照片

表 6-1 黄铵铁矾的主要化学成分   (%)

组分	Fe_2O_3	SO_3	Al_2O_3	TiO_2	其他
含量	58.65	39.91	0.72	0.15	0.57

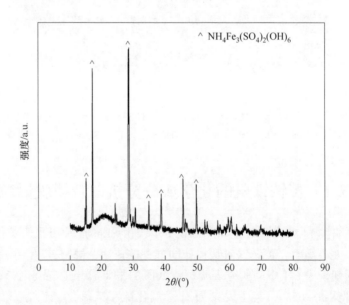

图 6-7 黄铵铁矾的 XRD 谱图

6.3 黄铵铁矾水解制备花朵状三氧化二铁

虽然黄铵铁矾在湿法冶金中解决了铁元素分离的重大问题，但是作为从溶液中分离出铁元素的产物很难作为产品。本节以制备出的黄铵铁矾为原料，加入氨水调节 pH 值，从而使黄铵铁矾晶体中的铁元素以三氧化二铁形式分离出来。实验考察了水解温度、水解时间、水解 pH 值、液固比与黄铁矾水解率的关系[102]。

6.3.1 黄铵铁矾水解的温度与水解率的关系

在反应时间为 30min、水解 pH 值为 12、液固比为 4∶1 条件下，考察温度与黄铵铁矾水解率的关系。实验结果如图 6-8 所示，由图可见，水解率随温度的升高而增大，50~85℃时随着温度的升高黄铵铁矾的水解率增大显著，85℃以后水解率趋于平稳，95℃时水解率达到 88.10%。在实验中反应温度选择 95℃。

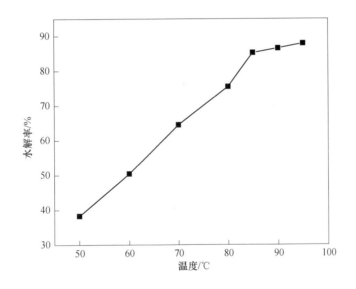

图 6-8 黄铵铁矾水解率与温度的关系

6.3.2 黄铵铁矾水解的时间与水解率的关系

当反应温度为 95℃、水解 pH 值为 12、液固比为 4∶1 时，研究时间与黄铵铁矾水解速率之间的关系。实验结果如图 6-9 所示。从图中可以看出，水解速率随时间增加；5~30min 是黄铵铁矾的水解速率显著提高的时间段，30min 后水解速率基本稳定，在 30min 时水解率可达到 86.53%。因此实验反应时间选择30min。

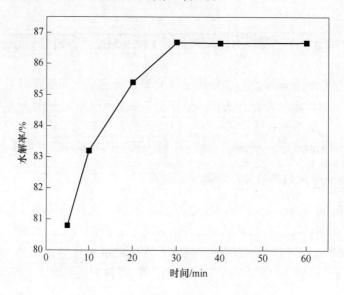

图 6-9　黄铵铁矾水解率与时间的关系

6.3.3 黄铵铁矾水解的 pH 值与水解率的关系

当液固化为 4∶1、反应温度选择 95℃、水解时间定为 30min 时，考察水解 pH 值与黄铵铁矾水解率的关系。实验结果如图 6-10 所示，由图可见，水解率随 pH 值的上升而增大，当 pH 值为 12 时水解率达到 88.10%。因此实验水解 pH 值选择 12。

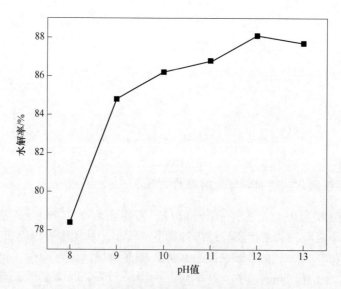

图 6-10　黄铵铁矾水解率与水解 pH 值的关系

6.3.4 黄铵铁矾水解的液固比值与水解率的关系

当反应温度设置为95℃、水解时间定为30min、水解pH值设为12时，观察水解液固比与黄铵铁矾水解率的关系。实验结果如图6-11所示，由图可见，水解率与液固比成正比，在液固比为1∶1~4∶1时黄铵铁矾的水解率有快速增长的形式，当液固比达到4∶1时，黄铵铁矾的水解率基本达到稳定状态，水解率为88.10%。实验中液固比最佳选择为4∶1。

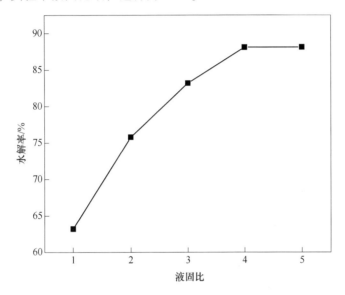

图6-11 黄铵铁矾水解率与液固比的关系

6.4 黄铵铁矾水解后化学成分分析和微观形貌

黄铵铁矾水解产物的化学分析数据列于表6-2中，化学分析表明黄铵铁矾水解后得到一定纯度的三氧化二铁，其含量可达94.97%，其主要杂质有氧化铝和硅的氧化物等[103]。

表6-2 黄铵铁矾水解的主要化学成分 （%）

组分	Fe_2O_3	Al_2O_3	其他
含量	94.97	3.53	1.5

黄铵铁矾水解的XRD谱图如图6-12所示，由图可知，水解渣中主要成分为三氧化二铁。

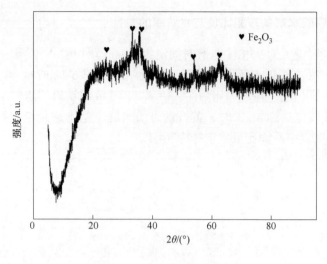

图 6-12　Fe_2O_3 的 XRD 谱图

黄铵铁矾水解的 SEM 照片如图 6-13 所示，由图可见，黄铵铁矾水解前后的颗粒形状变化不大，形貌规则，呈集合的花朵状。

图 6-13　黄铵铁矾水解的 SEM 照片

（a）水解前的黄铵铁矾；（b）水解后的三氧化二铁

6.5　本章小结

本章的主要研究内容是黄铵铁矾的制备及黄铵铁矾水解制备三氧化二铁采用黄铵铁矾法进行沉铁的实验研究，分别考察了黄铵铁矾和黄铵铁矾水解的反应温度、反应时间、终点 pH 值、搅拌速度以及水解时的液固比。具体研究结果如下：

（1）研究了硫酸铵红土镍矿焙烧熟料中黄铵铁矾和硫酸沉淀铁的工艺条件，工艺条件随温度、时间、pH 值和搅拌速度的增加而增加。当反应时间达到 4h，反应温度为 95℃，最终 pH 值为 2.5，搅拌速度为 400r/min 时，沉铁率趋于稳定。

（2）研究了黄铵铁矾水解制备三氧化二铁的工艺条件，考察水解温度、水解时间、水解 pH 值及液固比对黄铵铁矾水解的影响。得到黄铵铁矾水解条件：水解温度为 95℃，水解时间为 30min，水解 pH 值为 12，液固比为 4∶1，得到的三氧化二铁的含量为 88.10%。

7 以三氧化二铁为原料碳热还原法制备磷酸铁锂正极材料

固相碳热还原方法，其首要需要思考的就是它的成本。由于三价铁材料的来源非常多、便宜、好储存、不容易氧化，因此采用它作为磷酸铁锂正极材料成为当今的热门话题。另外，固相法与液相法相比具有简单的制备工艺且此工艺已经发展成熟、制备的产品较多和需要原材料比较廉价等的特点。此外，将机械活化和碳热还原法结合使用，以及使用三价铁源替代原始的二价铁源合成所需材料，这种方式可以大批量地工业化生产。由于工业生产必须考虑诸如生产费用、原材料存储以及有无安全隐患等问题，而球磨机的机械活化可以研磨并完全搅拌原料，并且可以使原材料颗粒更细小并提高反应活性，它是处理前驱体使用最多的方法。在碳热还原法中，由有机物分解的碳可用于抑制材料体积膨胀。因此，选取合适的初始原料、烧结温度、时间等成为需要研究的方面。

7.1 合成温度的影响

7.1.1 磷酸铁锂的 XRD 分析

图 7-1 为在反应时间为 12h、铁和锂的质量比为 1：1、反应温度不同时所得到的 $LiFePO_4/C$ 复合材料的 XRD 谱图，其中的反应温度分别为 650℃、700℃、750℃、800℃。从 XRD 谱图中可以看出，不同反应温度下制备的 $LiFePO_4/C$ 复合材料的衍射峰中没有其他杂的衍射峰，所有的衍射峰都和 XRD 库中 PDF 卡片 01-081-1173 中橄榄石型 $LiFePO_4/C$ 的特征峰相对应，这说明所有合成的 $LiFePO_4/C$ 复合材料均为纯相。同时，图中并没有出现碳对应的衍射峰，说明碳在材料中主要以非结晶态存在。

由图 7-1 可知，合成温度升高至 750℃时，$LiFePO_4/C$ 衍射峰强度有所加强，说明在此温度下合成的 $LiFePO_4/C$ 复合材料的结晶度增加。当反应温度高达 800℃时合成的复合材料的衍射峰强度减弱。由以上的分析可知 $LiFePO_4/C$ 复合材料在反应温度为 750℃时具有最好的结晶度，温度继续升高则会破坏复合材料的结晶度。

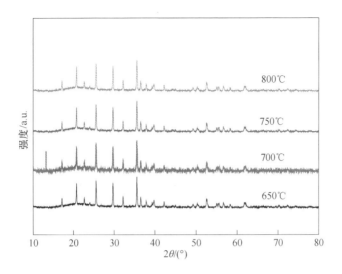

图 7-1 不同温度下 LiFePO₄/C 复合材料的 XRD 谱图

7.1.2 磷酸铁锂的 SEM 分析

图 7-2 为不同反应温度下 LiFePO₄/C 复合材料的形貌图。从 SEM 图中可观察到，当煅烧温度为 700℃时，出现薄片状的复合产物，这是由于固相混料时花朵状的 Fe₂O₃ 球磨时因为剪切力的影响变成薄片状。当复合材料的反应温度为 750℃时，复合材料的形貌中也是薄片状，但由于温度的升高晶型发育得更大些。随着反应温度升高到 800℃时，从图片中可以发现薄片状的 LiFePO₄/C 复合材料已经变为棒状物。因此，从 SEM 图片可以预见 750℃时合成晶型发育良好的 LiFePO₄/C 复合材料具备较好的电化学性能，因其薄片状的形状更易于 Li⁺ 的迁移。

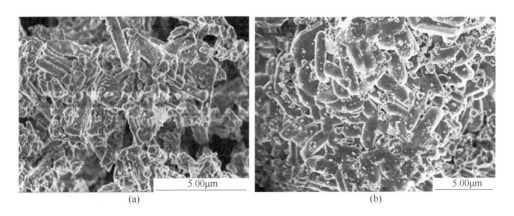

(a)	(b)

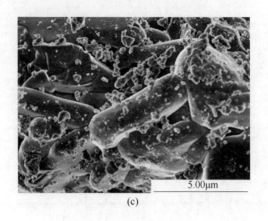

(c)

图 7-2 不同温度下 LiFePO$_4$/C 复合材料的 SEM 图

(a) 700℃；(b) 750℃；(c) 800℃

7.1.3 磷酸铁锂的电化学性能分析

分别将上述不同反应温度下合成的 LiFePO$_4$/C 复合材料制备成浆料，压制成电极片，该电极片作为正极片，选择相同的负极片组装成电池，分别对这些电池的电化学性能进行评测。图 7-3 和图 7-4 分别显示了在不同的反应温度下以 0.05C 的倍率合成 LiFePO$_4$/C 复合材料制成的电池的循环曲线和倍率特性曲线。

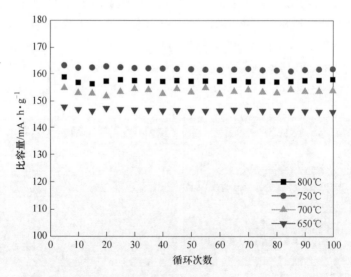

图 7-3 不同反应温度下合成 LiFePO$_4$/C 材料的循环性能

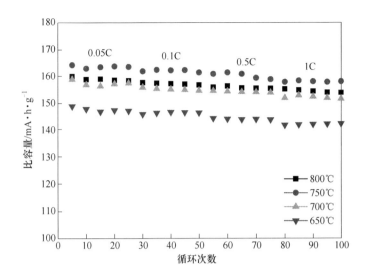

图 7-4　不同反应温度下合成 LiFePO$_4$/C 复合材料的倍率性能

　　图 7-3 显示了在不同反应温度下以 0.05C 的倍率合成的 LiFePO$_4$/C 复合材料组装的电池的循环性能曲线。从该图可以看出，100 次充电和放电循环后所有电池的容量变化很小。表明该材料具有出色的循环性能。将材料在 0.05C、0.1C、0.5C 和 1C 倍率下充放电循环 20 次。由图 7-4 可见随着合成温度的升高，从 650℃ 和 750℃ 中可看到放电比容量逐渐增加，当温度达到 800℃ 时放电比容量开始有所下降，可以看出，当反应温度为 750℃ 时，该复合材料具有优异的电容性能，放电比容量为 164.56mA·h/g，而且在 0.05C 和 1C 倍率时，该复合材料的放电比容量分别为 164.23mA·h/g 和 158.36mA·h/g。该温度下的复合材料具有优异的电容性能主要是由于它具有良好的形貌，颗粒大小分布均匀，具有非常好的晶体结构。从图 7-2 可知，750℃ 得到的 LiFePO$_4$/C 复合材料的颗粒尺寸小，有利于电解液的传输，促进了锂离子运输；同时，颗粒分布均匀和规整的片层可以保证复合材料和电解液充分地接触，使复合材料充分地发挥作用，从而达到最高的容量。

　　从以上对复合材料的结构、形态和电化学性能的分析，可以知道复合材料的反应温度对 LiFePO$_4$/C 复合材料的电化学性能具有很大的影响。比较在四个不同反应温度下合成的复合材料的第一放电容量，可以看出随着合成温度的升高，第一放电容量在 750℃ 达到最大值，在 800℃ 时容量有所衰减。因此选择 750℃ 作为碳热还原法制备 LiFePO$_4$/C 复合材料的反应温度。

7.1.4 磷酸铁锂的交流阻抗分析

图 7-5 为测试的频率为 100kHz ~ 10MHz、测试的振幅为 ±10mV 时，复合材料 LiFePO$_4$/C 的阻抗曲线图。从图中可以看出，LiFePO$_4$/C 样品的 EIS 图主要包括两个区域：高频区域和低频区域，高频区域的半圆代表电荷传递过程相关的半圆，用 R_{ct} 表示。低频区域则是代表与锂离子在活性材料颗粒内部的固体扩散过程相关的一条斜线，用 Z_w 表示。通过对不同反应温度下复合材料的阻抗数据进行等效电路的模拟，可以发现 750℃ 下合成的复合材料具有最小的 R_{ct} 值（66.37Ω），而 650℃、700℃ 和 800℃ 下合成的复合材料的 R_{ct} 值分别是 92.12Ω、75.65Ω 和 69.94Ω，这足以说明电解液中的锂离子在 750℃ 下合成的复合材料的表面传输得非常快。并且通过低频区斜线的斜率进行比较发现 750℃ 下合成的复合材料曲线的斜率最小，说明它也具有最小的 Warburg 阻抗，由此说明电解液中的锂离子在此复合材料中的扩散速度很快，这归根于它良好的结构和形貌。以上分析的结果与图 7-1 和图 7-2 的分析结果相一致。此外，电解液与电极材料表面形成的 SEI 膜影响着电池的电化学性能。在循环测试的过程中，电极材料会与电解液发生反应，在电极材料表面形成 SEI 膜，随着循环一直进行，不仅消耗电解液中的锂离子，还会使电极材料表面的 SEI 膜厚度增加，因此加大了锂离子传输的阻力，锂离子的嵌入与脱出过程变得困难，导致电池的内阻增加，容量也有所衰减。因此随着循环的进行，这四种复合材料的容量都有所衰减，但 750℃ 下 LiFePO$_4$/C 样品衰减的程度最小，表现出最低的电池阻抗和较好的循环性能。

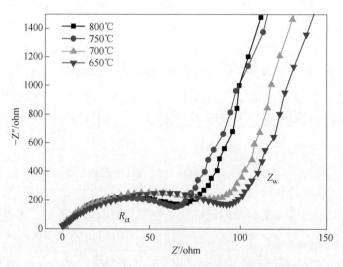

图 7-5 LiFePO$_4$/C 样品不同温度下的 EIS 阻抗谱

7.2 合成时间的影响

7.2.1 磷酸铁锂的 XRD 分析

确定合适的合成温度后，对合成时间进行研究。图 7-6 为不同合成时间下制得的 $LiFePO_4/C$ 复合材料的 XRD 谱图。由图可知，不同的合成时间下均得到了橄榄石型 $LiFePO_4/C$（PDF 卡片号 01-081-1173），没有其他的杂的衍射峰存在，也没有碳峰，这充分说明了碳是无定形出现在复合材料中的，此 $LiFePO_4/C$ 复合材料为纯相。

通过对不同反应时间下复合材料的 XRD 的衍射峰的峰强度进行比较，可以看出反应时间为 12h 时，复合材料具有最强的衍射峰，说明此时间下合成的复合材料具有最好的晶型。而反应时间为 8h 下的 $LiFePO_4/C$ 复合材料具有较小的衍射峰，说明此时的复合材料的晶型不完整，反应不完全，晶体还没来得及生长完全。说明随着反应时间的增加，峰的强度逐渐增加。反应时间的不同对样品的结晶度有明显的影响。但随着温度达到 14h 以后合成的 $LiFePO_4/C$ 复合材料的衍射峰强度基本稳定，说明在 14h 以后延长保温时间对 $LiFePO_4$ 的结晶度无明显帮助。

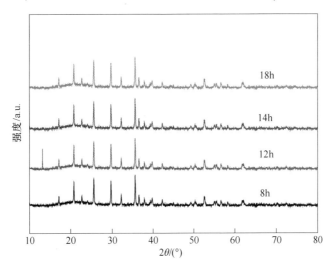

图 7-6　不同合成时间下 $LiFePO_4/C$ 复合材料的 XRD 谱图

7.2.2 磷酸铁锂的 SEM 分析

图 7-7 为不同反应时间下 $LiFePO_4/C$ 复合材料的形貌图。从 SEM 图中可观察到，当反应时间为 8h 时，出现团状产物，这是由于煅烧时间较短。当复合材料的反应时间为 12h 时，复合材料的形貌中出现薄片状，但由于时间还是较短，晶

型发育欠佳。随着反应时间升高到 14h 时，SEM 图中的 LiFePO$_4$/C 复合材料为晶型发育良好的薄片状。反应时间延长到 18h 时，由于时间增加的原因，LiFePO$_4$/C 复合材料变为厚片状。

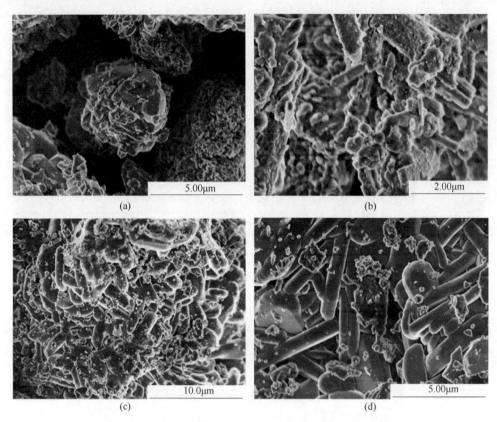

图 7-7　不同反应时间下 LiFePO$_4$/C 复合材料的 SEM 图

（a）8h；（b）12h；（c）14h；（d）18h

7.2.3　磷酸铁锂的电化学性能分析

为了探讨复合材料更佳的合成时间，将相同温度、不同反应时间下制备的复合材制备成浆料，压制成电极片，组装成电池，测试电池的电化学性能。图 7-8 和图 7-9 分别为不同反应时间下合成的磷酸铁锂/碳复合材料组装的电池在 0.05C 倍率下的循环性能曲线和倍率特性曲线。

图 7-8 显示了电池的循环性能曲线。由组装和合成的复合材料制成的电极表面在不同的反应时间下的倍率为 0.05C。从图中可以发现，经过 100 次的充放电，所有电池都会在不同程度上退化。图 7-9 是复合材料在 0.05C、0.1C、0.5C 和 1C 倍率充放电循环 20 次。由图可见随着合成时间的增大，从 8h 到 14h 可看

到放电比容量逐渐增加，但继续升高温度到18h放电比容量开始降低，所以反应时间为14h合成的复合材料具有最好的循环寿命和最高的放电比容量，高达163.87mA·h/g，除此之外在0.05C和1C倍率时放电比容量分别为162.2mA·h/g和152.47mA·h/g，这说明反应时间太长或者太短对于复合材料的制备都是不利的，不利于材料晶体的形成，时间太短晶体还没有完全长成，时间过长，晶型生长过大，阻碍电解液与材料接触，从而影响它的电化学性能。

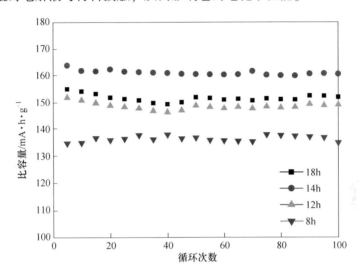

图7-8 不同反应时间下合成LiFePO₄/C材料的循环性能

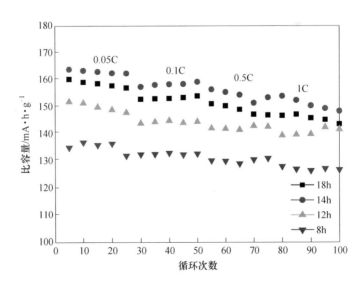

图7-9 不同反应时间下合成LiFePO₄/C材料的倍率性能

由以上分析可知，复合材料合成的反应的时间影响其结晶度，进而影响其电化学性能。当制备复合材料的反应时间为 14h 时，得到的复合材料具有完整的晶型，颗粒尺寸较小，分布也比较均匀，因此具有最高的容量。综上所述，合成该复合材料的最佳反应时间为 14h。

7.2.4 磷酸铁锂的交流阻抗分析

图 7-10 为测试的频率为 100kHz~10MHz，测试的振幅为 ±10mV、不同反应时间下复合材料 LiFePO$_4$/C 的阻抗曲线图。通过对阻抗数据进行等效电路模拟，可得出反应时间为 14h 下合成的复合材料具有最小的 R_{ct} 值（64.49Ω），而 8h、12h 和 18h 下合成的复合材料的 R_{ct} 值分别是 83.29Ω、77.71Ω 和 93.06Ω，这足以说明电解液中的锂离子在 14h 下合成的复合材料的表面传输得非常快。并且通过低频区斜线的斜率进行比较发现 14h 下合成的复合材料曲线的斜率最小，说明它也具有最小的 Warburg 阻抗，说明 LiFePO$_4$/C 样品在煅烧时间为 14h 的综合性能最好，同时也与前面电化学测试结果相一致。

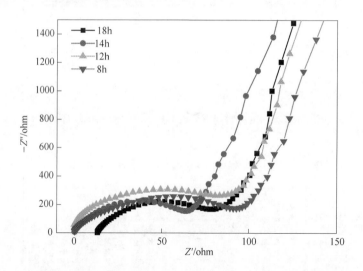

图 7-10 LiFePO$_4$/C 样品不同时间下的 EIS 阻抗谱

7.3 本章小结

本章的主要内容是以硫酸铵焙烧红土镍矿水浸后，通过黄铵铁矾法沉铁水解制备的 Fe$_2$O$_3$ 为原料，添加 Li$_2$CO$_3$、NH$_4$H$_2$PO$_4$ 和蔗糖进行锂离子电池正极材料 LiFePO$_4$/C 的制备，并进行 XRD、SEM、电化学性能分析。

　　通过实验分析得出最佳的工艺制备参数为：煅烧温度 750℃，时间 14h。在最佳的制备参数下进行电化学性能分析得出，在 0.05C 的倍率下，电池的放电比容量为 164.56mA·h/g，相当于 $LiFePO_4$ 理论容量的 94%。在 1C 的倍率下，锂离子电池的放电比容量可达到 158.36mA·h/g。在 0.05C 倍率下经过 100 次循环后，电池的放电比容量为 162.78mA·h/g，容量保持率为 98%。研究结果可为红土镍矿资源的高效、综合利用提供新技术及理论支持。

参 考 文 献

[1] ZHOU S W, WEI Y G, LI B. Mineralogical characterization and design of a treatment process for Yunnan nickel laterite ore, China [J]. International Journal of Mineral Processing, 2017, 159: 51-59.

[2] FARROKHPAY S, CATHELINEAU M, BLANCHER S B. Characterization of Weda Bay nickel laterite ore from Indonesia [J]. Journal of Geochemical Exploration, 2019, 196: 270-281.

[3] CAMERON R A, YEUNG C W, GREER C W. The bacterial community structure during bioleaching of a low-grade nickel sulphide ore in stirred-tank reactors at different combinations of temperature and pH [J]. Hydrometallurgy, 2010, 104 (2): 207-215.

[4] CAMERON R A, LASTRA R, GOULD W D. Bioleaching of six nickel sulphide ores with differing mineralogies in stirred-tank reactors at 30℃ [J]. Minerals Engineering, 2013, 49: 172-183.

[5] MAREE W, KLOPPERS L, HANGONE G. The effects of mixtures of potassium amyl xanthate (PAX) and isopropyl ethyl thionocarbamate (IPETC) collectors on grade and recovery in the froth flotation of a nickel sulfide ore [J]. South African Institution of Chemical Engineers, 2017, 24: 116-121.

[6] MU W N, CUI F H, HUANG Z P. Synchronous extraction of nickel and copper from a mixed oxide-sulfide nickel ore in a low-temperature roasting system [J]. Journal of Cleaner Production, 2018, 77: 371-377.

[7] ZHAO K L, YAN W, WANG X H. Effect of a novel phosphate on the flotation of serpentine-containing copper-nickel sulfide ore [J]. Minerals Engineering, 2020, 150: 106276.

[8] GARCIAV B, SCHUTESKY M E, OLIVEIRA C G. The Neoarchean GT-34 Ni deposit, Carajás mineral Province, Brazil: An atypical IOCG-related Ni sulfide mineralization [J]. Ore Geology Reviews, 2020, 127: 103773.

[9] ULRICH M, CATHELINEAU M, MUOZ M. The relative distribution of critical (Sc, REE) and transition metals (Ni, Co, Cr, Mn, V) in some Ni-laterite deposits of New Caledonia [J]. Journal of Geochemical Exploration, 2019, 197: 93-113.

[10] SUPRIYATNA Y I, SIHOTANG I H, SUDIBYO. Preliminary study of smelting of Indonesian nickel laterite ore using an electric arc furnace [J]. Materials Today: Proceedings, 2019, 13: 127-131.

[11] WANG X D, MCDONALD R G, HART R D. Acid resistance of goethite in nickel laterite ore from Western Australia. Part Ⅰ. The relationship between goethite morphologies and acid leaching performance [J]. Hydrometallurgy, 2013, 140: 48-58.

[12] WANG X D, MCDONALD R G, HART R D. Acid resistance of goethite in nickel laterite ore from Western Australia. Part Ⅱ. Effect of liberating cementations on acid leaching performance [J]. Hydrometallurgy, 2014, 141: 49-58.

[13] TUPAZ C A J, WATANABE Y, SANEMATSU K. Mineralogy and geochemistry of the Berong Ni-Co laterite deposit, Palawan, Philippines [J]. Ore Geology Reviews, 2020, 125: 103686.

［14］ 彭志伟. 红土镍矿有机酸浸提取镍钴的研究［D］. 长沙：中南大学，2008：3-5.

［15］ 牟文宁. 红土镍矿高附加值绿色化综合利用的理论与工艺研究［D］. 沈阳：东北大学，2009：1-3.

［16］ 李洋洋，李金辉，张云芳，等. 红土镍矿的开发利用及相关研究现状［J］. 材料导报，2015，29（17）：79-83.

［17］ KEMPTHOME D，MYERS D M. Mineral commodity summaries 2010［R］. Washington：US Geological Survey，2010：108-109.

［18］ 刘婉蓉. 低品位红土镍矿氯化离析-磁选工艺研究［D］. 长沙：中南大学，2010：7-10.

［19］ 李金辉，李洋洋，郑顺，等. 红土镍矿冶金综述［J］. 有色金属科学与工程，2015，6（1）：35-40.

［20］ 符剑刚，王晖，凌天鹰，等. 红土镍矿处理工艺研究现状与进展［J］. 铁合金，2009，40（3）：16-22.

［21］ 何焕华. 氧化镍矿处理工艺述评［J］. 中国有色冶金，2004（6）：12-15.

［22］ 朱景和. 世界镍红土矿开发与利用的技术分析［J］. 中国金属通报，2007（35）：22-25.

［23］ 符芳铭. 云南元江低品位红土镍矿浸出研究［D］. 长沙：中南大学，2009：14-38.

［24］ ZUNIGA M，PAREDA F，ASSELIN E. Leaching of a limonitic laterite in ammoniacal solutions with metallic iron［J］. Hydrometallurgy，2010，104（2）：260-267.

［25］ LI J H，LI D S，XU Z F. Selective leaching of valuable metals from laterite nickel ore with ammonium chloride-hydrochloric acid solution［J］. Journal of Cleaner Production，2018，179：24-30.

［26］ LUO W，FENG Q M，OU L M，et al. Fast dissolution of nickel from a lizardite-rich saprolitic laterite by sulphuric acid at atmospheric pressure［J］. Hydrometallurgy，2009，9（1/2）：171-175.

［27］ Zhang P Y，Sun L Q，Wang H R. Surfactant-assistant atmospheric acid leaching of laterite ore for the improvement of leaching efficiency of nickel and cobalt［J］. Journal of Cleaner Production，2019，228：1-7.

［28］ Santos A L A，Becheleni E M A，Viana P R M. Kinetics of atmospheric leaching from a brazilian nickel laterite ore allied to redox potential control［J］. Mining，Metallurgy & Exploration，2021，38：187-201.

［29］ LOVERDAY B K. The use of oxygen in high pressure acid leaching of nickel laterites［J］. Minerals Engineering，2008，21（71）：533-538.

［30］ Johnson J A，Cashmore B C，Hockridge R J. Optimisation of nickel extraction from laterite ores by high pressure acid leaching with addition of sodium sulphate［J］. Minerals Engineering，2005，18（13/14）：1297-1303.

［31］ 张永禄，王成彦，徐志峰. 低品位碱预处理红土镍矿加压浸出过程［J］. 过程工程学报，2010，10（2）：263-269.

［32］ 马保中，杨玮娇，王成彦，等. 红土镍矿湿法浸出工艺的进展［J］. 有色金属（冶炼部分），2013（7）：1-8.

［33］ 常龙娇，刘佳囡，刘连利，等. 红土镍矿制备黄钠铁矾的研究［J］. 矿冶，2018，27（3）：

56-64.

[34] 梁栋, 常龙娇, 翟玉春. 红土镍矿黄铵铁矾法除铁及杂质铁的高值化利用 [J]. 矿冶, 2020, 29 (4): 88-94.

[35] WANDERLEY K B, BOTELHO J A B, ESPINOSA D C R. Kinetic and thermodynamic study of magnesium obtaining as sulfate monohydrate from nickel laterite leach waste by crystallization [J]. Journal of Cleaner Production, 2020, 272: 122735.

[36] 常龙娇, 曹诗圆, 罗绍华. 利用低品位红土镍矿制备纳米二氧化硅粉体 [J]. 矿冶, 2021, 30 (4): 61-66.

[37] CAO S Y, CHANG L J, LUO S H. Alkaline hydrothermal treatment and leaching kinetics of silicon from laterite nickel ore [J]. Mining, Metallurgy & Exploration, 2022, 39: 129-138.

[38] 靳洪允. 氧气-乙炔火焰法制备高纯度球形硅微粉技术研究 [D]. 武汉: 中国地质大学, 2009: 23-41.

[39] 瞿其曙, 何友昭, 淦五二. 超细二氧化硅的制备及研究进展 [J]. 硅酸盐通报, 2005, 24 (5): 57-64.

[40] 王世敏, 许祖勋, 傅晶. 纳米材料制备技术 [M]. 北京: 化学工业出版社, 2002: 117-128.

[41] 骆锋, 阮建明, 万千. 纳米二氧化硅粉体的微乳液制备及表征 [J]. 粉末冶金材料科学与工程, 2004 (2): 93-98.

[42] 朱振峰, 李晖, 朱敏. 微乳液法制备无定形纳米二氧化硅 [J]. 无机盐工业, 2006 (6): 14-16.

[43] 任卫国. 超 (亚) 临界水热活化煤矸石制备白炭黑及其表面改性的研究 [D]. 太原: 太原理工大学, 2019: 29-46.

[44] 高慧, 杨俊玲. 溶胶-凝胶法制备纳米二氧化硅 [J]. 化工时刊, 2010, 24 (4): 16-18.

[45] 申晓毅, 翟玉春, 孙毅. 球形二氧化硅微粉的微波辅助制备和表征 [J]. 东北大学学报: 自然科学版, 2011, 32 (7): 985-987.

[46] ZHAO S, XU D, MA H. Controllable preparation and formation mechanism of mono dispersed silica particles with binary size [J]. Journal of Science, 2012, 388: 40-46.

[47] 旦辉, 丁艺, 林金辉. 粉石英制备高纯球形纳米 SiO_2 [J]. 矿产综合利用, 2012 (5): 35-38.

[48] SINGH L P, BHATTACHARYYA S K, KUMAR R, et al. Sol-gel processing of silica nanoparticles and their application [J]. Advances in Colloid and Interface Science, 2014, 214: 17-37.

[49] 潘晓锋. 由硼泥制取高纯氧化镁和超细球形二氧化硅的工艺研究 [D]. 合肥: 合肥工业大学, 2014: 33-43.

[50] 王心怡, 吴楠, 刘欣萍. 溶液-凝胶法制备尺寸可控二氧化硅纳米颗粒 [J]. 化学工程与装备, 2015 (6): 9-14.

[51] 刘岩, 于清波, 白晓. 溶液-凝胶法制备单分散功能性二氧化硅 [J]. 化学研究与应用, 2016, 28 (6): 880-883.

[52] 徐国园, 宗传晖, 孙熠昂. 小粒径分散性良好的超细二氧化硅的制备 [J]. 山东理工大学

学报，2018，32（1）：35-38.

[53] LIU DD, FANG L, CHENG F. Bisurfactant-assisted preparation of amorphous silica from fly ash [J]. Asia-Pacific Journal of Chemical Engineering, 2016, 11: 884-892.

[54] 韩静香，佘利娟，翟立新. 化学沉淀法制备纳米二氧化硅 [J]. 硅酸盐通报，2010，29（3）：681-685.

[55] 王晓英，蔡旭，洪若瑜. 纳米二氧化硅的制备及应用 [J]. 中国粉体技术，2011，17（3）：63-67.

[56] 邬敦伟，赵贵哲，刘朝宝. 液相沉淀法制备超疏水纳米白炭黑 [J]. 山西化工，2011，31（2）：26-28.

[57] 和晓才，杨大锦，李怀仁. 二氧化碳沉淀法制备高纯二氧化硅的工艺研究 [J]. 稀有金属，2012，36（4）：604-609.

[58] WU W, CAO S, YUAN X. Sodium silicate route: Fabricating high mono disperse hollow silica spheres by a facile method [J]. Journal of Porous Materials, 2012, 19 (5): 913-919.

[59] 张龙，文彬. 球形二氧化硅微粉制备新工艺 [J]. 长春工业大学学报（自然科学版），2012，33（5）：559-566.

[60] 荆富，伊茂森，张忠温. 粉煤灰提取白炭黑和氧化铝的研究 [J]. 中国工程科学，2012，14（2）：96-106.

[61] 和晓才，谢刚，李怀仁. 偏硅酸钠溶液加压脱铝、钛的工艺研究 [J]. 稀有金属，2013，37（2）：277-282.

[62] 文彬. 化学沉淀法制备超细球形二氧化硅的工艺研究 [D]. 长春：长春工业大学，2013：17-32.

[63] 廖亮清，盛勇，商容生. 纳米球形二氧化硅的制备工艺研究 [J]. 中国包装工业，2013（4）：42-43.

[64] 韩磊. 煤灰酸浸提铝残渣制备纳米白炭黑试验研究 [D]. 杭州：浙江大学，2016：40-65.

[65] 李东，王芳辉，朱红. 沉淀法超细纳米白炭黑的制备 [J]. 北京化工大学学报（自然科学版），2016，43（1）：33-39.

[66] 何文斌，徐本军. 从粉煤灰碱溶液中沉积含铝白炭黑 [J]. 湿法冶金，2016，35（2）：128-131.

[67] 胡彦伟，程琪，李浩然. 化学沉淀法制备超细 SiO_2 颗粒 [J]. 化工学，2016，67（S1）：379-383.

[68] 方彬，李延国，王刚. 气相法二氧化硅应用机理及特征 [J]. 无机盐工业，2004，5（36）：50-52.

[69] 吴利民，段先健，杨本意. 气相二氧化硅的制备方法及其特性 [J]. 广东化工，2004（2）：3-4.

[70] 王文金，胡丹，王静. 合成条件对气相法白炭黑性能的影响 [J]. 有机硅材料，2014，28（6）：448-451.

[71] 武莉莉，李至秦，李保山. 氟硅酸制备高质量纳米白炭黑及 F-溶液研究 [J]. 无机盐工业，2014，46（11）：51-54.

[72] 胡卿，周俊虎，程军. 四甲基硅烷燃烧法制备气相白炭黑的研究 [J]. 能源工程，2014

(2)：12-15.

[73] 闫世凯，胡鹏，袁方利. 射频等离子体球化 SiO_2 粉体的研究 [J]. 材料工程，2006 (2)：29-33.

[74] 王翔，黎明，高跃生. 高频等离子法制备球形硅微粉的工艺研究 [J]. 科技资讯，2010 (29)：31-32.

[75] DOMINKO R, BELE M, GABERSCEK M. Structure and electrochemical performance of Li_2MnSiO_4 and Li_2FeSiO_4 as potential Li-battery cathode materials [J]. Electrochemistry Communications, 2006, 8 (2)：217-222.

[76] ARROYO-DE M E, DOMPABLO R, ARMAND J M. On the energetic stability and electrochemistry of Li_2MnSiO_4 polymorphs [J]. Chemistry of Materials, 2008, 20 (17)：5574-5584.

[77] POLITAEV V V, PETRENKO A A, NALBANDYAN V B, et al. Crystal structure, phase relations and electrochemical properties of monoclinic Li_2MnSiO_4 [J]. Journal of Solid State Chemistry, 2007, 180 (3)：1045-1050.

[78] KOKALJ A, DOMINKO R, MALI G. Beyond one-electron reaction in Li cathode materials：Designing $Li_2Mn_xFe_{1-x}SiO_4$ [J]. Chemistry of Materials, 2007, 19 (15)：3633-3640.

[79] 温振凤，王存国. 锂离子电池硅酸锰锂电极材料的研究进展 [J]. 化工科技，2012, 20 (4)：73-78.

[80] DOMINKO R. Li_2MSiO_4 (M = Fe and/or Mn) cathode materials [J]. Journal of Power Sources, 2008, 184 (2)：462-468.

[81] GHOSH P, MAHANTY S, BASU R N. Improved electrochemical performance of Li_2MnSiO_4/C composite synthesized by combustion technique [J]. Journal of the Electrochemical Society, 2009, 156 (8)：A677-A681.

[82] LIU W G, XU Y H, YANG R. Synthesis, characterization and electrochemical performance of Li_2MnSiO_4/C cathode material by solid-state reaction [J]. Journal of Alloys and Compounds, 2009, 480 (2)：L1-L4.

[83] KARTHIKEYAN K, ARAVINDAN V, LEE S B, et al. Electrochemical performance of carbon-coated lithium manganese silicate for asymmetric hybrid supercapacitors [J]. Journal of Power Sources, 2010, 195 (11)：3761-3764.

[84] GAO K, DAI C S, LV J. Thermal dynamics and optimization on solid-state reacti on for synthesis of Li_2MnSiO_4 materials [J]. Journal of Power Sources, 2012, 211：97-102.

[85] GUMMOW R J, SHARMA N, PETERSON V K. Crystal chemistry of the Pmnb polymorph of Li_2MnSiO_4 [J]. Journal of Solid State Chemistry, 2012, 188 (22)：32-37.

[86] LIU J, XU H Y, JIANG X L. Facile solid-state synthesis of Li_2MnSiO_4/C nanocomposite as a superior cathode with a long cycle life [J]. Journal of Power Sources, 2013, 231 (6)：39-43.

[87] LI Y X, GONG Z L, YANG Y. Synthesis and characterization of Li_2MnSiO_4/C nanocomposite cathode material for lithium ion batteries [J]. Journal of Power Sources, 2007, 174 (2)：528-532.

[88] DENG C, ZHANG S, FU B L. Characterization of Li_2MnSiO_4 and Li_2FeSiO_4 cathode materials

synthesized via a citric acid assisted sol-gel method [J]. Materials Chemistry and Physics, 2010, 120 (1): 14-17.

[89] ARAVINDAN V, KARTHIKEYAN K, RAVI S. Adipic acid assisted sol-gel synthesis of Li_2MnSiO_4 nanoparticles with improved lithium storage properties [J]. Journal of Materials Chemistry, 2010, 20 (35): 7340-7343.

[90] ARAVINDAN V, RAVI S, KIM W S. Size controlled synthesis of Li_2MnSiO_4 nanoparticles: Effect of calcination temperature and carbon content for high performance lithium batteries [J]. Journal of Colloid and Interface Science, 2011, 355 (2): 472-477.

[91] ZHANG Q Q, ZHUANG Q C, XU S D. Synthesis and characterization of pristine Li_2MnSiO_4 and Li_2MnSiO_4/C cathode materials for lithium ion batteries [J]. Ionics, 2012, 18 (5): 487-494.

[92] QU L, FANG S H, YANG L. Synthesis and characterization of high capacity Li_2MnSiO_4/C cathode material for lithium-ion battery [J]. Journal of Power Sources, 2014, 252: 169-175.

[93] HOU P Q, FENG J, WANG Y F. Study on the properties of Li_2MnSiO_4 as cathode material for lithium-ion batteries by sol-gel method [J]. Ionics, 2020, 26: 1611-1616.

[94] ARAVINDAN V, KATHIKEYAN K, LEE J W. Synthesis and improved electrochemical properties of Li_2MnSiO_4 cathodes [J]. Journal of Physics D: Applied Physics, 2011, 44 (15): 152001.

[95] LUO S H, WANG M, SUN W N. Fabricated and improved electrochemical properties of Li_2MnSiO_4 cathodes by hydrothermal reaction for Li-ion batteries [J]. Ceramics International, 2012, 38 (5): 4325-4329.

[96] HWANG J, PARK S, PARK C. Hydrothermal synthesis of Li_2MnSiO_4: mechanism and influence of precursor concentration on electrochemical properties [J]. Metals and Materials International, 2013, 19 (4): 855-860.

[97] 罗绍华, 李思, 王铭. $Li_2Mn_{1-x}Mg_xSiO_4$ 正极材料合成与电化学性能 [J]. 稀有金属材料与工程, 2012, 41 (9): 118-122.

[98] 胡传跃, 郭军, 文瑾. 锂离子电池 $Li_2Ni_xMn_{1-x}SiO_4$ ($x = 0.4-0.7$) 正极材料的电化学性能 [J]. 矿冶工程, 2013, 33 (2): 112-115.

[99] WANG L X, ZHAN Y, LUO S H. Preparation and electrochemical properties of cationic substitution $Li_2Mn_{0.98}M_{0.02}SiO_4$ (M = Mg, Ni, Cr) as cathode material for lithium-ion batteries [J]. Ionics, 2020, 26: 3769-3775.

[100] ZHAN Y, WANG Q, LUO H L. Dual-phase structure design of Mn-site nickel doping $Li_2MnSiO_4@C$ cathode material for improved electrochemical lithium storage performance [J]. International Journal of Energy Research, 2021, 45: 14720-14731.

[101] 吴双. $LiFePO_4$ 前驱体制备与 $LiFePO_4$ 的高温合成动力学 [D]. 镇江: 江苏科技大学, 2019. 18-20.

[102] 唐湘平, 李超, 刘述平, 等. 工业级硫酸亚铁制备高性能磷酸铁锂正极材料 [J]. 广州化工, 2019, 47 (18): 40-42.

[103] 赵群芳, 欧阳全胜, 蒋光辉, 等. 锂离子电池 $LiFePO_4$ 正极材料的掺杂改性研究进展

[J]. 湖南有色金属, 2019, 35 (5): 40-43.

[104] YE X G. PREPARATION of Lithium ion battery cathode material by spray drying method lithium ion battery [J]. Xinjiang Non-ferrous Metals, 2014, 37 (6): 56-57.

[105] SLAM M S, DRISCOLL D J, FISHER C A J. Atomic-scale investigation of defects, dopants, andlithium transport in the LiFePO$_4$ olivine-type battery material [J]. Chemistry of Materials, 2005, 17 (20): 5085-5092.

[106] 王国宝, 王先友, 舒洪波. 固相法合成 LiFePO$_4$/C 正极材料的电化学性能 [J]. 中国有色金属学报, 2010, 20 (12): 2351-2356.

[107] 沈琼璐, 刘东. 溶胶凝胶法合成 LiFePO$_4$ 正极材料 [J]. 化工新型材料, 2013, 41 (5): 68-70.

[108] 田旭, 李国军, 黎春阳, 等. 喷雾干燥法制备 LiFePO$_4$ 正极材料的最佳工艺参数 [J]. 大连交通大学学报, 2015, 36 (4): 84-88.

[109] 赵曼. 水热法以磷铁制备电池级磷酸铁及改性研究 [D]. 贵阳: 贵州大学, 2017: 65-68.